近江路をめぐる石の旅

長　朔男

もくじ

第5章 東海道沿いの石

はじめに

初期の人類が使った道具は、石を打ち砕いてつくられた打製石器であった。その後、打製石器は磨かれて作られる磨製《ませい》石器が使われるようになった。

日本に住みついた先人は、石斧《せきふ》、石包丁《いしぼうちょう》、槍《やり》の穂先に用いる石槍《せきそう》や石鏃《せきぞく》などと、ともに木製の農耕具などもつくりだし、穀物などの殻を砕き、粉にする石臼を考案し、時代とともに礎石《そせき》、石棺《せっかん》、石垣、石橋などなど石を利用して生活を築いてきた。

その一方で、石に霊力が宿るとして盤座《いわくら》を崇《あが》め、奇岩奇石《きがんきせき》の風景を愛《め》で、庭に配された石によって深山や荒磯を表現し、室内においても水石《すいせき》・盆石《ぼんせき》によって理想の風景を創造した。人々は暮らしのなかに生き続ける多くの石にまつわる伝説や昔話を語り伝えるとともに、書物に書きのこしてきた。

本書は、主に江戸時代の『雲根志《うんこんし》』（1773〜1801）、『近江輿地志略《よちしりゃく》』（1734）、『淡海録《たんかいろく》』（1689）、『毛吹草《けふきぐさ》』（1645）、『東海道名所図会《ずえ》』（1797）に書かれ、描かれた石にまつわる近江の石の風物を紹介し、石にとけこんだ豊かな近江の自然と人々の石への思い、古書に書かれた当時の石（地学）の考え方などがわかるように、その現物、現状など写真を多く交えた。滋賀県には石にまつわる多くの伝承や記録が残されている。

近江は古くから京の都に通じる街道が琵琶湖を取り囲むようにめぐる地で、人の往来も物も京へ向かうには逢坂関《おうさかのせき》を越えなければならなかった。本書は大津を起点にして近江路の石の風物を見て回ることとした。大津から西近江路高島をへて湖北へ、北国街道・北国脇往還道を南へ中山道・朝鮮人街道から御代参街道をへて、甲賀から東海道を大津まで一周するイメージで描いた。

小旅行やドライブ、サイクリングの途中にちょっと寄り道して歴史を秘めた郷土の石に魅せられ、石に親しむきっかけになればとの思いと、同時に本書を手に石を観ることで混沌《こんとん》とした社会を生きる一服にと、「近江路をめぐる石の旅」と題した。

『**近江輿地志略**』（寒川辰清自筆本、滋賀県指定文化財、滋賀県立琵琶湖文化館蔵・写真提供）

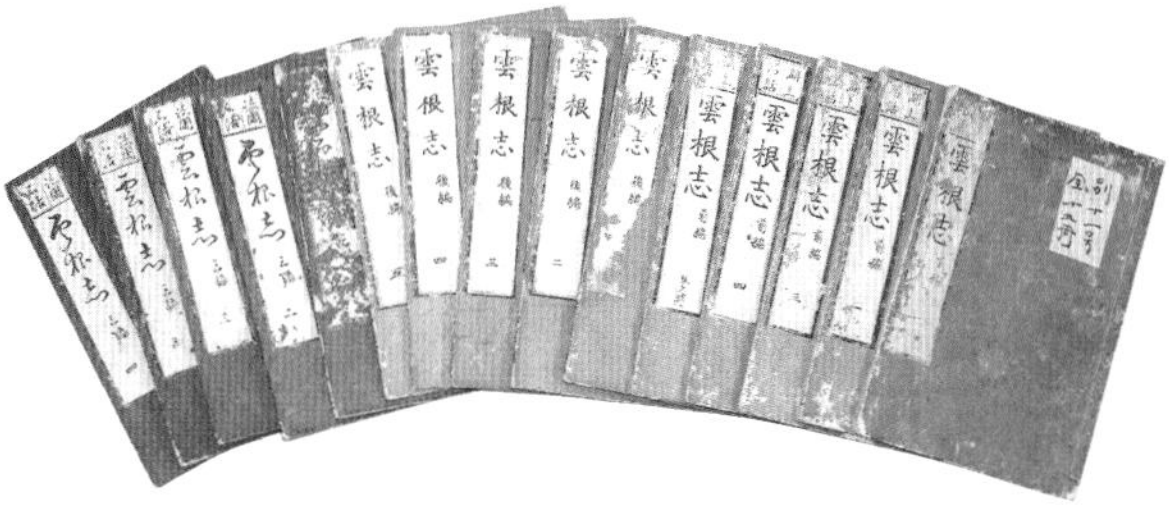

『**雲根志**』（滋賀県立琵琶湖文化館蔵・写真提供）

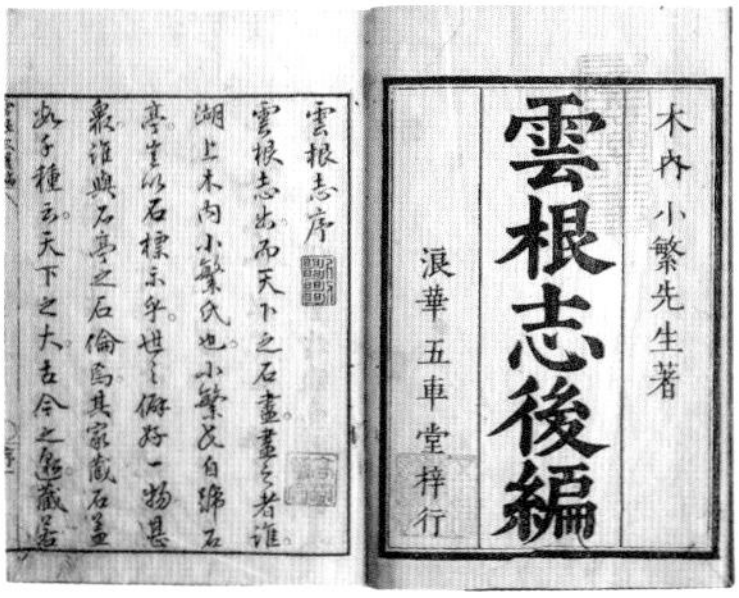

『**雲根志**』（草津市立山田小学校蔵）

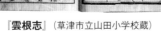

6 [高島市マキノ町] 白谷(明王の禿)
水晶・白石谷 6
西近江路
高島市
高島硯 5
[高島市]勝野
北国脇往還
長浜市
3 曲谷石臼
[米原市]曲谷
石灰礦(鉱)・石灰
[米原市]
小泉・大久保・板並
1
米原市
2
輭石・擢石・としまめ石
[米原市]上野・間田
比良の青ガレの石 3
[大津市]北比良・南比良
(金糞峠に向かう登山道)
4 木戸石
[大津市]南小松
沖島の切石 [近江八幡市]
沖島町
3
[大津市] 守山石
八屋戸(旧守山村)
2
朝鮮人街道
彦根市
中山道
豊郷町
甲良町
1 石灰岩の石と化石
[多賀町]河内
多賀町

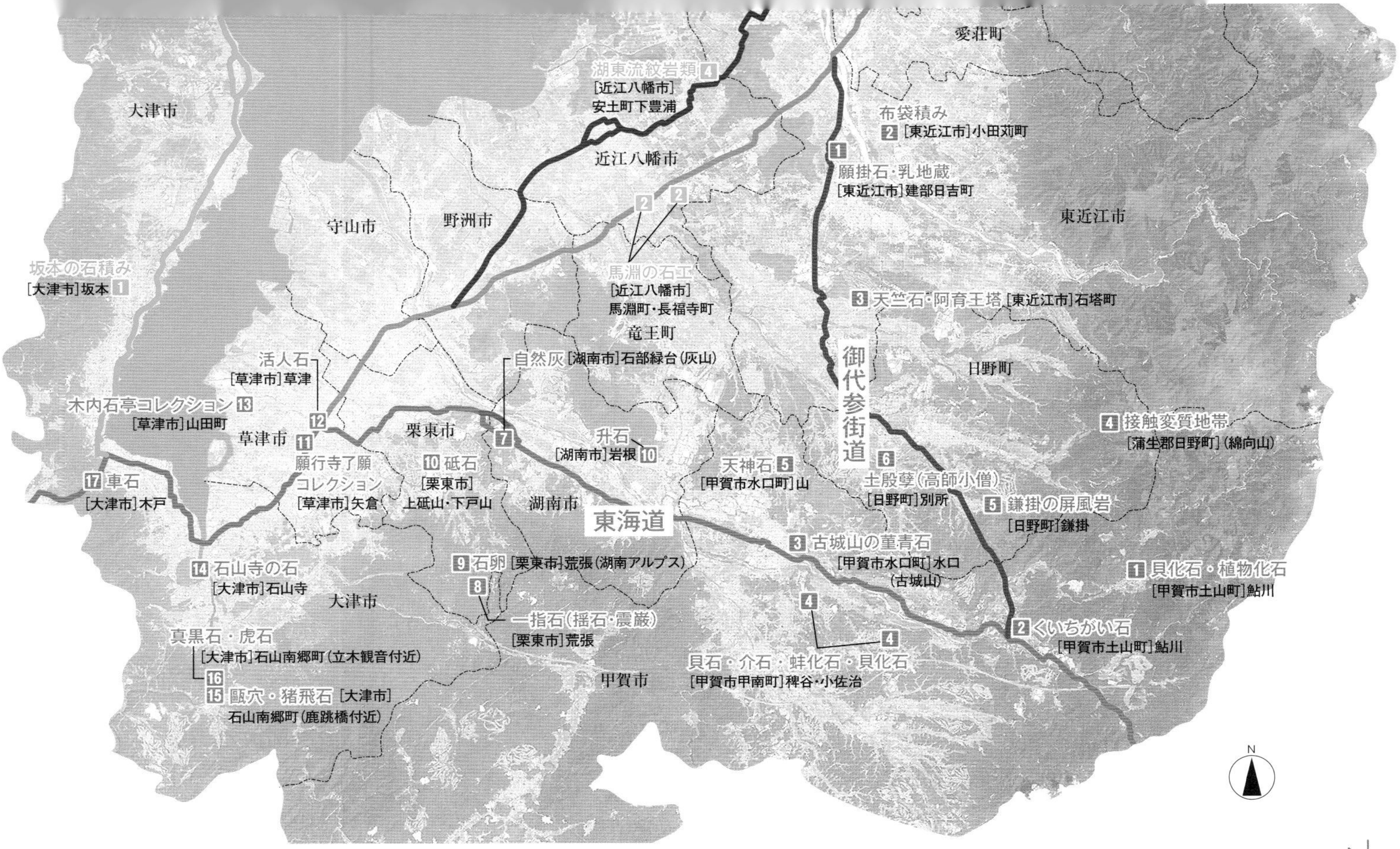

■…第 1 章　西近江路
■…第 2 章　北国脇往還
■…第 3 章　中山道・朝鮮人街道
■…第 4 章　御代参街道
■…第 5 章　東海道

第1章　西近江路沿いの石　湖西地域

本章は、琵琶湖の南西に位置する比叡山《ひえいざん》坂本地区から比良《ひら》の山々が琵琶湖近くまで迫り出した山裾《やますそ》の道をたどる。

1 坂本の石積み　―穴太衆が積んだ石垣―　［大津市］

琵琶湖の南端に位置する浜大津から琵琶湖の西岸を国道161号に沿って北へ進むと、比叡山の麓の坂本地域が見えてくる。この地域は、「石積みの町坂本」とアピールされており、国指定の「重要伝統的建造物群保存地区」ともなっている。ここに地元の穴太《あのう》に生まれた石工集団が積んだと考えられる石垣群・「穴太衆積みの石垣」（大津市指定史跡）がある。

石垣・石積みは、その方法によって次の三つがある。自然の石をそのまま積む野面《のづら》積み。積みやすいように石材の接合面を打ち欠いてすき間を小さくした打込《うちこみ》接《は》ぎ。鏨《たがね》で斫《はつ》り、石どうしのすき間がないように合わせる切込《きりこみ》接ぎ。穴太衆積みの方法は、野面積みとよばれる積み方である。

野面積みは、石と石の間にすき間が多く、ちょっと見たところ粗雑に見え、壊れやすいのではないかと感じられるが、もちろんそんなことはない。石垣の表面は小さい面をだし、奥行きは深く内部でかみ合っている。表面部分や内部の石のすき間には、石を詰め、積み石を固定し、さらに裏込めといって、大雨が降っても、雨水が石垣の間からどんどん流れ出ていくようにしむけ、水圧がかからないように大小の（割）石を入れている。このように自然の石を合理的、科学的に積んだ野面積は、人工的な美しさはないが、自然に溶け込んだ美しさは、すてがたい石積みである。

穴太石工の本拠地であった大津市穴太は、坂本に隣接し延暦寺、日吉大社、西教寺《さいきょうじ》などの神社仏閣が古くから建立されてきた地域である。穴太石工は、神社仏閣の普請《ふしん》に関わり、五輪塔や石仏の製作などにたずさわって、比叡山延暦寺と深い関係があったと考えられている。穴太石工が脚光をあびるようになるのは、織田信長が築城した安土城の石垣積みにたずさわり、城郭の施工技術が高石垣へと発展する時代からと考えられている。活躍の記録は、吉田兼見《かねみ》という公家が書いた『兼見卿《きょう》記《き》』といわれる日記にある。天正５年（１５７７）９月24日に「穴太石工をよんで醍醐《だいご》清滝《きよたき》の石垣を修理させた」とある。穴太石工は、豊臣秀吉が天下人になった後、伏見城をはじめ金沢城、熊本城などの石垣積みにたずさわり全国に知られる石工になった。さらに、江戸幕府によって材木石奉行のもとに「穴太頭」が組織され、地位が与えられた。『近江輿地志略』（１７３４）には「穴太石垣築《いしがききずき》」のこととして「穴太村の者は石垣を築く巧みな技を持っている。ゆえに、石垣築を穴太という」とあることから、穴太積みは石垣積みの通称にもなったと考えられる。また、「戸波《となみ》丹後という者は公の仕事がある時は必ず勤める」とあり、戸波丹後という名の穴太頭がいたことがわかる。

京阪電車坂本駅から日吉大社にいたる参道の両側には比叡山で長年修業した老僧の住む里坊《さとぼう》がある。その坊の穴太積み石垣は、自然に溶け込んで春の桜からはじまり、若葉、紅葉、雪と四季折々、こころ和む風景を醸《かも》しだし美しい。さらに参道を登り日吉大社境内の大宮川に架か

苔むす石垣

る三橋は、秀吉が寄進したと伝えられるが、橋を支える穴太積み石垣は苔《こけ》むし、一層風情を感じる。

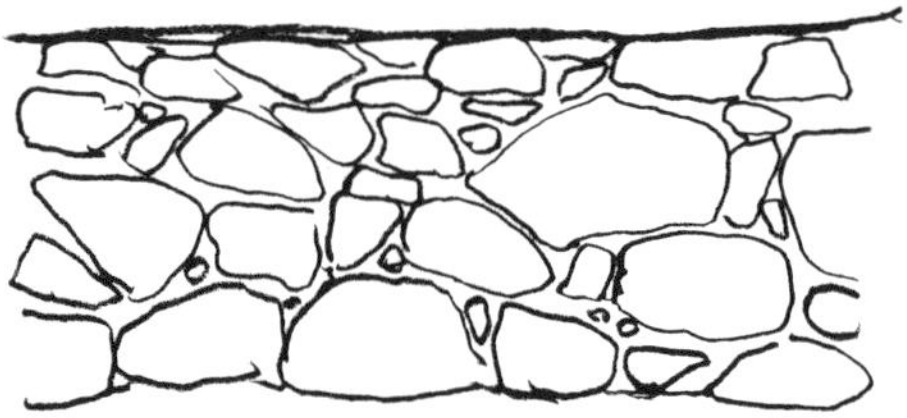

野面積

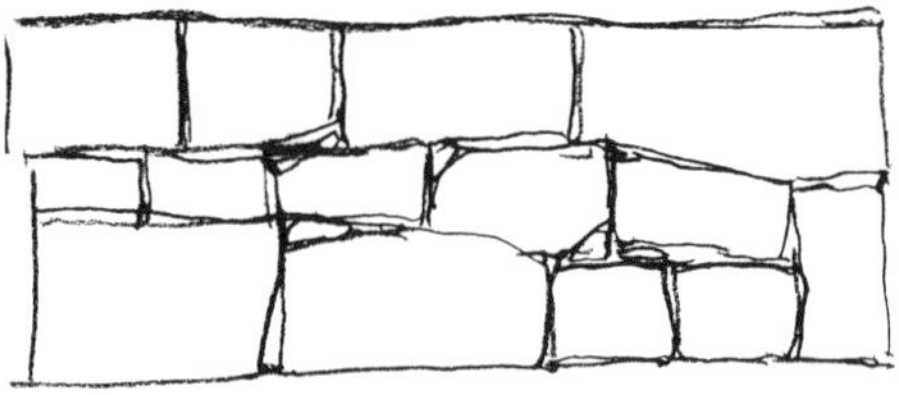

切込接

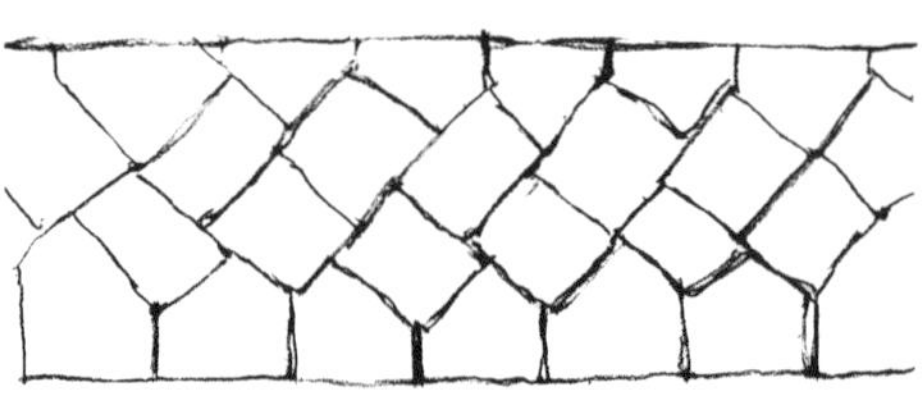

打込接

里坊の石垣

里坊の石垣

天台宗滋賀院の石垣

日吉三橋の一つ、走井橋付近の穴太積み

2 守山石 ―京の庭に使われた独特な縞模様― ［大津市］

坂本地域から北へ向い、琵琶湖大橋よりさらに北のＪＲ湖西線蓬莱《ほうらい》駅付近には、守山石とよばれる石材の産地があった。この地域は江戸時代には守山村とよばれ、蓬莱山から流れ出る野離子《のりこ》川と北船路の間の扇状地から石は掘り出されていた。『近江輿地志略《よちしりゃく》』（１７３４）では「森山村」と表記され、「守山であるが、湖東に守山があるので森山と書き、木戸村の南にある」と説明している。木戸村は守山村と同じく石材の産地である。

守山石は縞《しま》模様の岩石である。そのような庭石は、一般的にはそれほどめずらしい岩石ではない。しかし、守山石が有名なのは、京都から東京へ都が遷都され、明治になった京都で、平安遷都１１００年記念祭（１８９５）にあわせた第４回内国勧業博覧会が開催される頃から、平安神宮の神苑や無鄰庵《むりんあん》（山県有朋《やまがたありとも》邸）、清風荘（西園寺公望《さいおんじきんもち》邸）、対龍山荘（近江出身の豪商・市《いち》田《だ》弥一郎邸）など、政財界人の邸宅や別荘が東山の南禅寺界隈に築かれ、その広大な庭園に使われたことによるといわれている。現在、これらのなかで名勝や文化財指定になっている庭園は、東山の自然そのものを利用した雄大な庭づくりにとって、変化にとんだ縞模様の美しい守山石はなくてはならない存在であった。庭は、「植治《うえじ》」（屋号）という造園職の七代目小川治兵衛（１８６０〜１９３３）が作庭している。

小川治兵衛は近代造園の先駆者とよばれており、その作風は、独創的な石組みに守山石が活かされ、洋風的な植栽によって広くて明るい空間がつくられた庭園である。石を納めた納入記録によると、平安神宮東神苑に使われた守山石は、総重量400トンの石が人力と牛の力によって守山村から帆船《はんせん》に積まれ、琵琶湖を通じて出来上がったばかりの疏水《そすい》を利用して運ばれたと伝えられている。

地元で見ることのできる守山石は、国道161号沿いの南小松地区に残る素封家《そほうか》の屋敷に、これぞ守山石の標本といえるものがある。また、北比良集落の湖岸にある突堤《とってい》の積石や敷石は、琵琶湖水運の華々しかった頃を彷彿《ほうふつ》させ、波しぶきによって褶《しゅう》曲《きょく》とよばれる曲がった縞模様が鮮明に識別できる。さらに、近年、守山石は、石塚政孝氏（造園業「石定」）が作庭した「びわこ文化公園」の夕照庵《せきしょうあん》を囲む広大な日本庭園に蘇っている。

なお、守山石は岩石の分類としては、海で堆積してできたチャートとよばれる岩石で、地層として層状の積み重なりが観察できることから、層状チャートともよばれる。

守山石

平安神宮神苑（京都市）

屋敷の塀を囲む石垣（崩れ積み）に積まれた守山石

びわこ文化公園にある夕照庵の日本庭園

北比良湖岸の石積み突堤

夕照庵の日本庭園

3 比良の青ガレの石 ―青白い石肌の流紋デイサイト― ［大津市］

南比良を少し北へ進むと、水がない比良川を渡る。そこから少し寄り道して比良の青ガレの石を観ていこう。比良川に沿う道を登って行くと正面谷から武奈ケ岳《ぶながたけ》へ登る金糞峠《かなくそとうげ》に向かう登山道へと続く。

青ガレの石は、比良山に登る登山者にはよく知られている岩石である。登山道は、急斜面であるためにこの石が崩れ落ちており、そこを50ｍあまり横切らなければならない。また、石は風化しにくく、鋭く角がっているため、これらが集まった場所は危険である。ペンキで書かれた矢印を読み取り、一歩一歩登って行かなければならない。青ガレの石は、大小の石が集まる場所を示す「ガレ場」にあるゆえの俗称である。この岩石は、全長4㎞を超える長さに細長く分布しているといわれている流紋《りゅうもん》デイサイトという火成岩である。少し古い本には玢岩《ひんがん》とか石英斑岩《せきえいはんがん》の名前で記述されていた。岩石は粒の大きな石英、斜長《しゃちょう》石、カリ長石、輝《き》石、角閃《かくせん》石や黒雲母《うんも》などを含んでおり、青白い石肌をしている。

この石は、次に照介する「木戸石」として花崗岩とともに流通していた。その青白い石肌によって、滋賀県中どこにあっても判別できる岩石の一つである。逢坂《おうさか》峠に敷かれていた車《くるま》石《いし》（第5章―3）に、U字に凹みのできた青ガレの石が確認された。また、近江八景の一つである矢橋《やばせ》の渡し場の石積み突堤《とってい》には、花崗岩の中に青ガレの石が混ざっている。矢橋の渡し場は、江戸時代に築かれ、その後、湖底に沈んでいたが、琵琶湖総合開発事業にともなって発掘され、史跡公園として復元公開されている。ここにみられる青ガレの石は、木戸村から売買されたものと考えられる。青ガレの石は、特徴のある青白い石肌ゆえ、どこにあっても「比良の青ガレの石」と俗称でよばれるのかもしれない。

比良連峰

ガレ場の青ガレの石

青ガレの石（流紋デイサイト）が集積しているガレ場

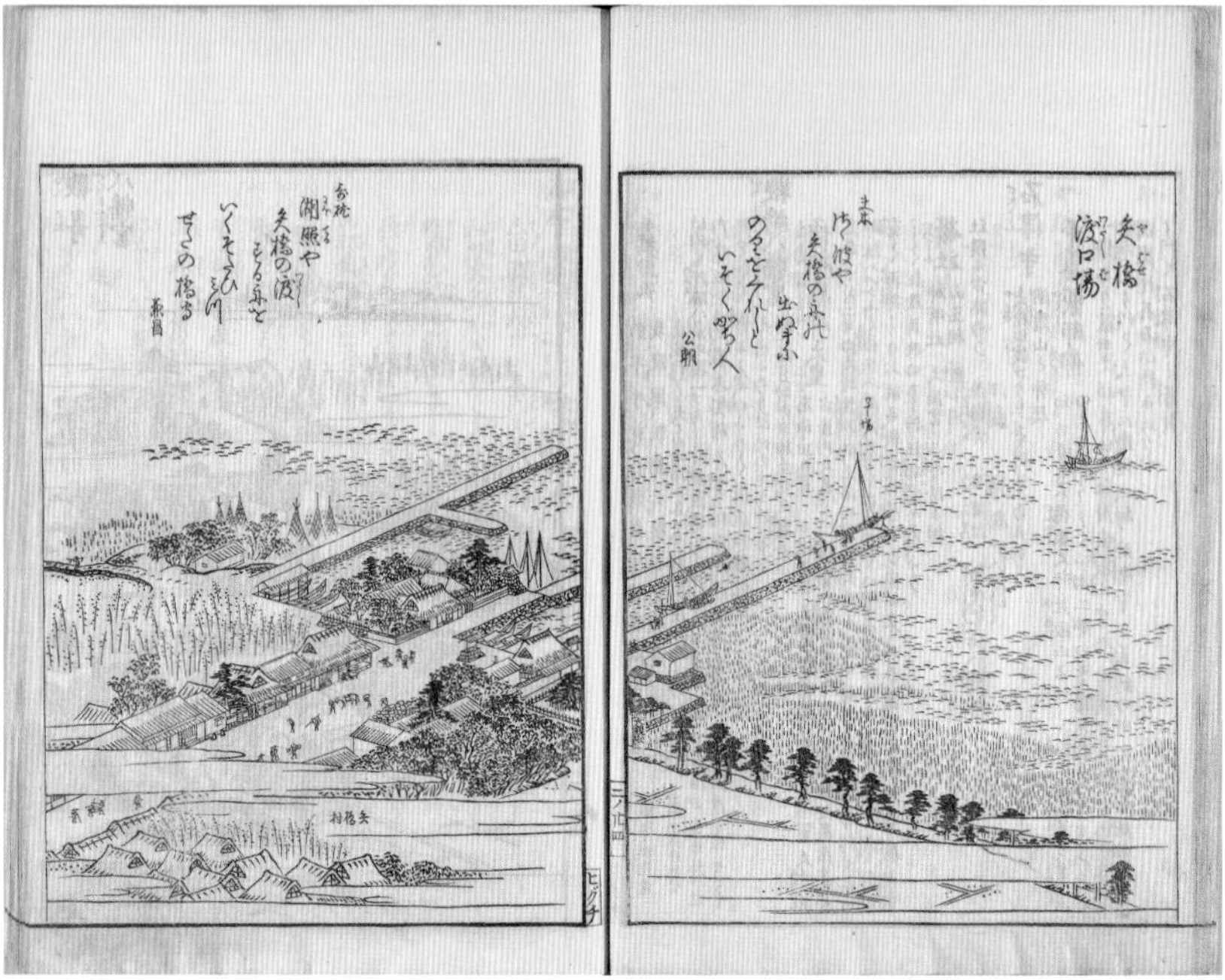

『東海道名所図会』矢橋渡口場

（国立国会図書館デジタルコレクションより）

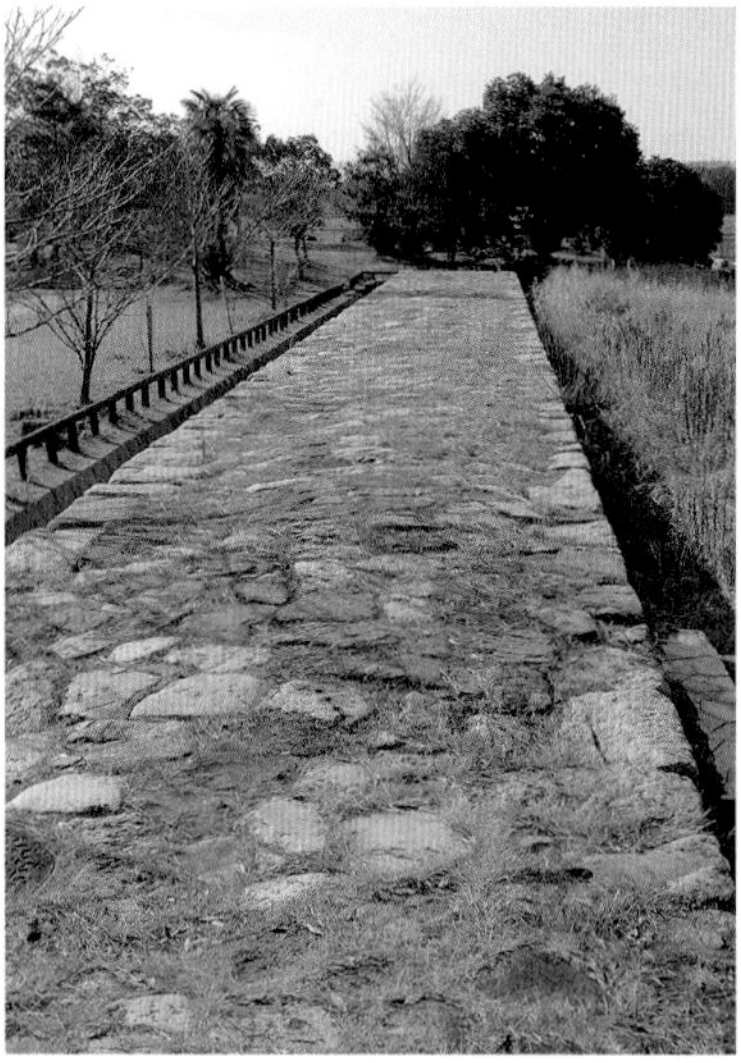

復元された矢橋の石積み突堤

突堤の石積みの中の青ガレの石

4 木戸石 ——狛犬や灯籠に加工された花崗岩

［大津市］

国道161号をさらに北へ向かった南小松の地域では、国道沿いに数軒の石屋がある。南小松地域は山から石を切り出し、加工する「木戸石《きど》」の産地の中心地であった。この地域から白鬚《しらひげ》神社付近までの山側には、石材としてよく使われている花崗岩《かこうがん》という岩石が分布している。

石材は、岩石の名前ではなく産地名でよばれることが多い。墓石などで有名な「御影石《みかげ》」は、花崗岩の代名詞のように使われているが、神戸市東灘区《ひがしなだ》の地名である「御影」で採取される石材の意味で、岩石名としては背後の六甲山系をつくる花崗岩である。同じ花崗岩の石材として、岡山県の「万成石《まんなり》」、京都府の「白川石」がある。「木戸石」も同じようにこの地域で産する花崗岩を石材として用いていたもので、近世には村々に採石場があった。『毛吹草《けふきぐさ》』（1638）には「木戸石は切石に用いる」とあり、墓石などに加工する石材として切り出されていたことがわかる。

『近江国滋賀郡誌』（1883）には、木戸村の近隣ないし合併後の木戸村内であった大物村《だいもつ》から切り出された石のことを「小米石《こごめ》といって山城国の白川産の石と同質であると」と書かれている。山城国白川は現在の京都市左京区北白川の地域である。大津から京都へ上る旧東海道に敷かれていた「車石」（第5章—3で紹介）は、『志賀町史』（1999）によると木戸石が使われたとある。こうした記述から大津市の旧志賀町は切石の一大産地であったことがわかる。

現在の木戸の地域に石屋はあるが、その店先に並べられている灯籠《とうろう》などの石造品は、この地

江日野商人ふるさと館」の庭に置かれているものである。

で鑑賞ができる「嘉兵衛灯籠」は、日野町に寄贈された豪商・山中正吉《しょうきち》の本宅を利用した「近

域の石材ではない。木戸石が切り出されていた全盛時代の石造物は、南小松の産土神《うぶすながみ》・八幡神社の社殿前にある。明治15年（1882）4月と刻まれ、奉納された7尺（約2m）もある大きな一角獣の神獣（狛犬《こまいぬ》）であり、この製作者は、地元の石工・甚八と伝えられている。一角獣の狛犬は、獬豸《かいち》といわれ、中国の想像上の霊獣で麒麟《きりん》に似た獣で、人の善悪を理解し、筋道が通っていない悪人を一角で刺す、正義と公正をあらわすといわれている。そうした伝えから獬豸は、参詣する人々に吉事（よいこと）が起きると考えられている。

一方、石造品の代表ともいえる灯籠は、春日型や雪見型、織部型など多くの種類があるが、この地域には「嘉兵衛灯籠《かへえとうろう》」とよばれる名のとおった灯籠があった。嘉兵衛灯籠は、三代にわたって西村嘉兵衛を名乗る石工によって、繊細な彫刻が施された灯籠である。嘉兵衛灯籠は、地元石工であった西村家の持山の花崗岩を切り出し、作られた灯籠のことをいう。そのため、灯籠の様式などの種類を表してはいない。その石材は、他の木戸石とは異なり、薄茶色の赤みがかっており、糠目とよばれる最も細かい粒子でできているため、細かい細工をすることに向いた石材であった。嘉兵衛灯籠は、緻密《ちみつ》な細工による装飾ができる石材によって生み出された。三代目を襲名した西村嘉兵衛（1908～1990）の制作した、奥ノ院型とよばれる灯籠が南小松地区の個人宅の庭にある。また、春日灯籠など多くの製品は、近江商人に買い取られたと伝えられている。そうした灯籠が日野町の近江商人の本宅にひっそりと今も残っている。最も身近で鑑賞ができる「嘉兵衛灯籠」は、日野町に寄贈された豪商・山中正吉《しょうきち》の本宅を利用した「近江日野商人ふるさと館」の庭に置かれているものである。

八幡神社の狛犬（一角獣・獬豸）

奥ノ院型嘉兵衛灯籠

5 高島硯　―明治・大正に最盛期を迎えたブランド品―

［高島市］

琵琶湖の湖中に建てられた朱色の大鳥居の白鬚神社を過ぎると高島市である。

現代生活の中では、硯《すずり》を使って墨をすり、筆で書き物をすることは少なくなったが、初等教育の基礎を表した「読み書き算盤《そろばん》」にもふくまれる習字は、寺子屋の時代から必ず体得すべき課題だった。硯の有名ブランドといえば、文字の国・中国の「端渓《たんけい》」、日本では「那智黒《なちぐろ》」が知られているが、滋賀県高島市でつくられていた高島硯も今でいうブランド品であり、その材料となる石はこの地域で採掘されていた。その歴史は古く、木内石亭の『雲根志 前編』（1773）では「江州に高嶋石という硯石あって、紀州那智黒石に似ている」と書かれている。『奇石産誌』（写本）には「虎斑石《とらふいし》が西近江高嶋にある」と記述している。虎斑石は、石の表面にトラのような黄色模様のあるものをいう。さらに大溝《おおみぞ》藩が著した藩の地誌・『鴻溝録《こうこうろく》』（1824）は「長尾山より出るものを虎班石といって打下《うちおろし》村の産物である」と記述し、「武曽横山《むそよこやま》（武曽村、横山村）より出るものを玄昌《げんしょう》石といっているがそれは別なものであって、年々あちらこちらからもだして、当町をはじめ近隣の村に細工する者が数十人おるが、すべて高島硯といっている」と説明している。打下村は高島市勝野打下付近、武曽横山は現在の高島市武曽横山付近をさす。

高島硯の材料となる石材は、前述の虎斑石とか玄昌石とよばれるものである。岩石の分類としては黒色粘板岩であるが、虎斑石は、黄色模様があり、それで作られた高島硯は、石全体が虎の毛並みのように黄金色がちかちか光り輝いている石である。一方、玄昌石は、古くからヨーロッパでは屋根を葺《ふ》く石材として使われている粘板岩《ねんばんがん》で、スレートともよばれる。日本では、宮城県石巻市雄勝《おがつ》町で産出する「雄勝石」が玄昌石で、雄勝石で作られた硯は国産品の9割を占めるほか、建物の壁面、玄関まわりの外構工事やインテリア装飾にも使われている。中国北京の繁華街である王府井《ワンフーチン》の古い文具店で見た端渓硯は、紫がかった黒色の粘板岩に大豆ほどの淡い黄色の丸い斑点《はんてん》がところどころにあった。斑点は硯の水をためる墨池《ぼくち》とよばれる墨壺《すみつぼ》のまわりに浮き彫りされた竜の眼になって光っているものであった。この様相と同様の印象が虎斑石で作られた高島硯に見られる。

　高島硯の生産の最盛期は、『高島郡誌』（1972）によると、明治から大正時代（1868～1925）で、三尾里《みおざと》（高島市安曇川《あどがわ》町）を中心に70軒あまりの製造者があった。おのおのの家で家内工業的に営まれたものだが、合計すると年間20万個余りの硯がつくられていた。今は虎斑石とよばれる石も良質の石材も掘りつくされ、伝統産業を守りぬいた職人も亡くなり、後継者もできず、高島硯をつくる人は絶えた。高島硯の伝統を最後まで守り続けていた福井永昌堂5代目福井泰石氏（本名：福井正男　1933～2009）の晩年、氏の工房を訪ねた時の思い出の写真と硯を記録にとどめることとする。

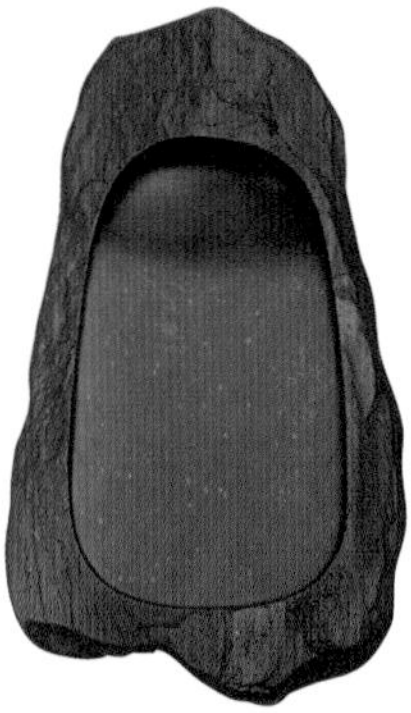

福井永昌堂の玄関横に飾られた高島硯

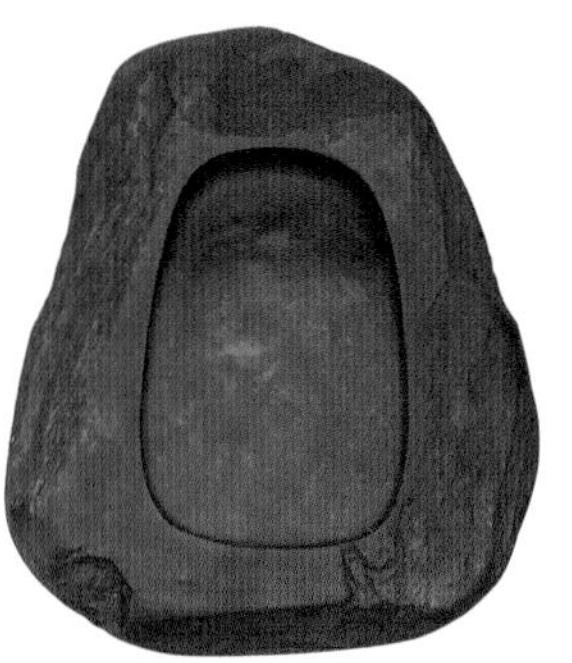

福井泰石氏の工房に残された硯原石

高島硯（福井泰石氏作、阪田永昌堂蔵）

虎斑石の高島硯（滋賀県立琵琶湖文化館蔵・写真提供）

6 水晶・白石谷 ―花崗岩の白谷沿いにあった産地―

［高島市］

石の旅は西近江路を北上し、高島市マキノ町まできた。

奥琵琶湖地域には広く花崗岩が分布している。マキノスキー場の方角に山肌が露出した「明王《みょうおう》の禿《はげ》」とよばれている花崗岩でできた地域がある。この付近の山である赤坂山から三国《みくに》山の尾根筋が崩れ、白い山肌が露出している。麓にある「白谷」（高島市マキノ町）という地名は、『高島郡誌』（1927）に「背後の山や谷が花崗岩質の禿山《はげやま》なるが故にこの名である」と書かれている。まさに花崗岩による谷に名づけられたものである。この地の花崗岩は風雨にさらされて崩れると、白い砂となり、琵琶湖へ運ばれて白砂青松の風景をつくりだした。

明王の禿は、鉱物採集に適していた。『滋賀県の自然』（1979）でも多くの鉱物が記載され、とくに水晶の産地として知られている。水晶は、花崗岩のなかの晶洞《しょうどう》とよばれる空洞にでき、六角柱状の結晶によって誰にも親しまれる鉱物である。

白谷を下った下開田《しもかいで》（高島市マキノ町）地域は、滋賀県土地開発公社が昭和59～60年（1983～84）にかけて「マキノ工業団地」の造成事業を進めていた。また、旧マキノ町も同じ頃、隣接する山崎山を削り「マキノ林間スポーツセンター」の建設工事を進めていた。削りとった土砂は、国道161号バイパス・湖西道路の盛土としてダンプカーが運んでいた。当時の工事現場は、調査目的であることを告げてお願いをすると、入ることが許されることが多かった。広い工事現場は、行くたびに様子が変わり、わくわくしながら鉱物、とくに水晶を探し回ることができた。「これを探しているのか」と、ブルドーザーの運転席から手渡された水晶は、人の頭ほどもあるものであった。重機によって晶洞が壊され、地上にでてきたのである。

この工事現場からは、紫水晶（アメジスト）も数多く採集された。紫水晶は、紫色をした水晶のことで、2月の誕生石とされている。鮮やかな深みのある紫色が、宝石として喜ばれるゆえんかと思われる。その鮮やかな紫色の成因は、人造アメジストの組成つくりが成功したことによって、鉄分によるものと考えられている。この地域で見つかった紫水晶は、花崗岩の白い地肌にみられた黒い脈状の筋をたどって行くと、バレーボール大の口をあけた晶洞が所々にあり、その中から採集した。黒い脈状のものは鉄分が多く含まれている鉱物の脈であると考えられる。

『雲根志 後編』（1779）には水晶について、「水晶本邦に産する所最も多し」とあり、水晶の産地地名が列挙され、「近江国には諸山に産す。黒色上品のもの田上《たなかみ》山、羽黒山にあり。予、数度この山に入りて見るにもっとも多し。そのほか桐生《きりゅう》、白石谷、三井寺、岩根、妙光寺（野洲《やす》）」などの記述がある。ここに記述された白石谷は、現在の地名である白谷であろう。私が水晶の採取をおこなった下開田や山崎山は、江戸時代より産地として水晶が採集できたと記述された「白石谷」へと続く場所である。

煙水晶

煙水晶。底辺側も結晶している両推

結晶が二重の水晶。外側は紫水晶、内側は煙水晶

紫水晶

第2章　北国脇往還沿いの石　湖北地域

北国街道と木之本で分かれて岐阜へ至る北国脇往還は、ほぼ現在の国道365号にあたる。この辺りで石といえば、伊吹山山麓の話題ばかりとなる。

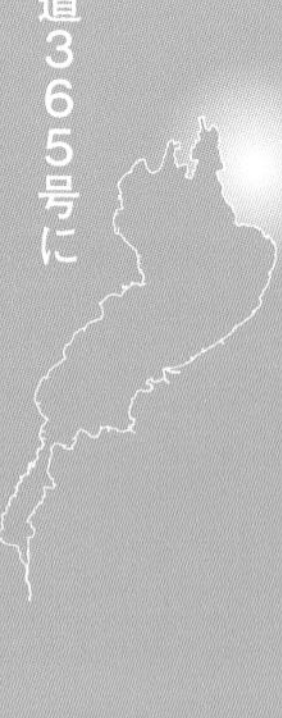

1 石灰礦（鉱）・石灰　―江戸時代から使われる肥料や漆喰材料―［米原市］

　セメントや消石灰の原料は、石灰岩である。石灰岩は全国に分布域があって、昔から採掘が行われていることから、わが国の産出する鉱石資源として唯一輸入されていないものかと考えていたが、財務省貿易統計を見ると、２０００年を境にして輸入が増え続けている。たとえば、マレーシアとベトナムから２０１５年には80万トンが輸入され、その輸入価格が０・９円／トン余りで推移している。

　伊吹山の麓の地域では、石灰を古くから生産していた。近世文献に載る伊吹の石灰は、『和漢三才図会《ずえ》』（１７１２）に見ることができる。その記述は「按《あん》ずるに石灰江州《ごうしゅう》伊吹・伊香《いか》・太平寺村等に近き山に処多くこれを出す。越前《えちぜん》、大和《やまと》、美作《みまさか》、備後《びんご》、武州《ぶしゅう》八王子処処皆これを焼きだす」とある。この時代にはすでに、全国の産地として江州伊吹が紹介されている。また、『雲根志 前篇』（１７７３）に「石灰礦《いしばいこう》　今の世、諸州に石灰を焼き出すといえども、石の性《せい》、宜《よろ》しからず。あるいは貝殻を焼きてまぜるゆえに効能浅し。近江国伊吹山の麓、姉川《あね》のほとりに大いに出せり。この製まじりものなし。予宝暦十二年九月（１７６２）ここに至りこれを見るに、白くなめらかなる石なり。他石に異なり」とあり、この地域で生産される石灰の品質がよいことが述べられている。江戸時代になると、築城の建築資材として石灰の生産が急激に増えたと考えられる。消石灰に布海苔《ふのり》などを練り合わせた漆喰《しっくい》は、壁や瓦止めに塗られた。重厚な白い姫路城などの壁を連想するが、セメントのなかった時代は、粘土などを混ぜ、水硬性セメント材料として用いられていた。

石亭が記述した場所「姉川ほとり」は、奥伊吹に通ずる県道40号線沿いの小泉、大久保、板並の集落のことと思われる。小泉集落へ至る旧道の入口に、窯・石灰礦の跡が残されている。石灰製造にはそれを焼くための炉・窯が必要で、そのことは甲賀郡石部《いしべ》の灰山における石灰製造図を示した『滋賀県管下六郡物産図説』でわかる（第5章―7）。粉砕《ふんさい》した石灰岩と木炭を交互に入れ、焼きあがれば炉の口から取り出だしている紹介がある。

伊吹山麓における石灰生産は、『伊吹町史通史』（1997）「石灰請払之目録」（寛文12年・1672）によれば、舟で積み出た石灰の俵数が克明に記録され、1年間に4600俵が大津や京都まで送られていた。それを裏付けるように、石灰を焼く窯は、正徳5年（1715）には、伊吹山麓に19基あったと記録されている。その内訳をみると、太平寺3、板並2、小泉6、大久保8との記録がある。そうした隆盛な様子を『近江輿地志略』（1734）は、「此《こ》の白石を焼きて石灰となす。小泉の百姓運上を奉りて諸国に出す。真の石灰は此山より出づるなり。石灰竈《かまど》一口あり。常に一片の煙半天に聳《そび》ゆ」とある。「真の石灰」と表現されていること、前述の『和漢三才図会』に取り上げられていることから、伊吹産石灰は良質で秀でたものであったと考えられる。このことは、石亭の『雲根志 前篇』（1773）でも述べられていた。

伊吹山の石灰岩は、石灰生産が衰退していくなかで忘れられかけられていた戦後、大手セメント会社の工場進出（１９５２）によって、高度成長期の日本の産業基盤を支え続けてきた。しかし、その操業も２００３年広大な採石跡を後にして伊吹山から撤退していった。一方「伊吹石灰」の名は生き続け、現在でも小規模ながら生産され、袋詰めの製品をよく見掛ける。

石灰岩採掘跡が痛々しい伊吹山

石灰生産窯跡

袋詰めされた伊吹石灰

2 さざれ石・攫石・とじまめ石 ―国歌「君が代」に詠われる礫岩― ［米原市］

岐阜県揖斐川町にある天然記念物のさざれ石

さざれ石は、紀貫之《きのつらゆき》らによって編纂《へんさん》された『古今和歌集』（延喜5年・905年）巻第七（賀歌）の中に、〈わが君はちよにやちよにさざれ石の巌《いわお》となりて苔《こけ》のむすまで〉（詠み人知らず）とある。この歌は、平安末期頃から初句が「君が代は」という形で流行するようになって、めでたい時の舞、謡曲に取り入れられたと伝えられている。『色葉和難集《いろはわなんしゅう》』には、日本国歌の原典といわれる〈君が代はちよにやちよにさざれ石の巌となりて苔のむすまで〉が撰されている。

さざれ石の発祥の地は、伊吹山の東麓、岐阜県の揖斐《いび》郡揖斐川町春日地区笹又《ささまた》である。笹又には、さざれ石公園がつくられ「岐阜県天然記念物　笹又の石灰角礫巨岩」と書かれた石柱が建ち、「さざれ石　国歌　君が代発祥の地　内閣総理大臣　中曽根康弘」と、刻まれた大きな碑も建っている。

そもそも「さざれ」とは、『広辞苑』によると「細」で「わずかな」「小さい」「こまかい」の意とある。さざれ石の岩石名は、「石灰質角礫岩《かくれきがん》」で、石灰岩が崩れてできた砂やより大きな礫がセメントで固めたように見える石の塊である。石灰岩はセメントの原料に使われるが、長い年月の雨や地下水によって溶かされるため、その乳状の液が、崩れてできた大小の石灰岩の礫をつなぐセメントの役割を果たした。歌のように巨大な巌状になったものもあって、よく各地の神社に奉納され、注連縄《しめなわ》をかけて祀られている。

1773年に書かれた『雲根志 前篇』「攫《つかみ》石 江州浅井《あざい》郡伊吹山の麓にあり。餅団子をちぎりたるごとき石なり。麓三里の間あまたみちたり。（中略）石は沢山にあり。青白き小石なり。餅をちぎりたるがごとし。大石もまたしかり。この辺の産物と見ゆ」とある。

また、『雲根志 後篇』（1779）には、「とじまめ石は、豆粒のごとき円き小石あつまりたるものなり。色赤くあるいは黄なり。下品の石これすなわち輭石《さざれいし》なるべし。（中略）近江国伊吹上野村より上がる半腹に大石あり。土俗とじまめ石という。このほか当山に石なし。三里五里麓の河原に多くあり」とある。

これらの記述を頼りに伊吹山麓を訪ねると、国道385号沿いから伊吹山の間近にある岡神社（米原市間田《はさまた》）には、巌《いわお》にふさわしい大きなさざれ石が崇《あが》められている。岡神社の由緒によると、このさざれ石は、昭和25年（1950）9月のジェーン台風によって破壊され堰《せき》の改修時に掘り上げられ、「寿命石」と名づけて奉納されたものである。伊吹山の山麓は、広大な扇状地が広がり、宅地開発による造成が行われ、石亭がいう大小のさざれ石が掘り出された。それが庭石や石積みに利用されている。

盆石水石の項（第5章―16）で後述する水石として用いられる石はいろいろあるが、さざれ石を求める愛好家は多い。伊吹山麓の姉川は増水によって川が洗われると、鶏卵大の礫岩《れきがん》や鶉《うずら》卵大の丸みのある砂利（礫）が、とじまめ状になったさざれ石が出てくる。これが一時、水石仲間の間ではブームになっていた。

伊吹山麓の扇状地の集落で石垣に用いられているさざれ石（米原市）

円礫交じりのさざれ石（姉川にて採取）

岡神社のさざれ石（米原市）

3 曲谷石臼 ――村の主産業だった製粉機――

［米原市］

曲谷《まがたに》集落（米原市）は、姉川の源流に沿って奥伊吹に向う途中にある。『近江輿地志略』（1734）は、「曲谷村　吉槻《よしつき》村の北にあり石工多く仕す」とある。曲谷地区は、昭和初期まで村全体が石臼づくりをしていた石工の村であった。ここが石臼づくりの村であったことを教えてくれる、直径3mもあろうかと思われる石臼のモニュメントが集落の入口に建っている。その石臼に使われた石材は、集落からさらに奥、奥伊吹スキー場に向かう県道40号線から、姉川の支流越しや川沿いに露出している花崗岩から切り出されていたことが、残された工房跡からわかる。大きな岩から切り出した石は、茅掛《かやがけ》の粗末な作業小屋で疎取《あらと》りをして、集落に持ち帰り、それを石臼に加工することが雪深い湖北の長い冬の仕事であったと伝えられている。

石臼の構造は、上臼とそれを受ける下臼からなり、その上下の臼の擂《す》り合う面に目が切られている。上臼は天場を皿状に削り、挽《ひ》く穀物の落とし口があけてある。石工は上下の臼に目を刻み、心棒を取り付け、擂り合わせを調整して完成させる。しかし、鑿《のみ》と金槌《かなづち》しかない時代の手作業は石が欠け、割れるものもできる。長年にわたって失敗したものや半完成品は、今も村中にゴロゴロしている。それらは、石段、石垣に再利用され、積み込まれたものや花壇の縁取り、庭の蹲《つくばい》の石組みなどに利用されている。

食べ物を粉にすることは、穀物を石でたたきつぶすことからはじまり、さらに石同士をこすり合わせ、それを回転させることですりつぶす石臼を考案した。少し前の日本の農村において、石臼は日常普通に使う道具であった。大豆や麦をすりつぶし、味噌や醤油をつくった。盂蘭盆《うらぼん》会《え》には、白米を挽き、米粉でつくったおしんこ団子を仏前に供えた。豆腐つくりには一晩水に浸けておいた大豆をすりつぶし、豆汁を絞り熱し、苦汁《にがり》を混ぜてつくった。生活様式が大きく変化した昭和30年代頃から石臼は邪魔になり、庭の隅に追いやられ、雨ざらしになっている光景をよく見る。

石臼で粉にしてからつくる食べ物に蕎麦《そば》もある。蕎麦の発祥の地として、近江の伊吹地域の説があることを知っている人は少ないと思われるが、伊吹山山麓は古くからソバの産地であった。芭蕉十哲《ばしょうじってつ》の一人、彦根藩士・森川許六《きょりく》(1656～1717)が江戸時代に著した『風俗文撰』(1706)には、からみ大根(伊吹大根)とともに伊吹蕎麦が紹介されており、江戸時代には伊吹蕎麦の名は、広く知られていたことがわかる。蕎麦は、挽きたてのそば粉を使ったものがおいしいとされる。ソバは非常に熱に弱く、粉にする時、熱が出るような挽き方をすると、水分が飛んで味や香りがなくなってしまう。回転の遅い石臼は、機械製粉より効率は悪いが、風味を閉じ込めていた殻がつぶされ、実が粉になるときに香や風味が熱で飛ばないから美味しいのである。

今のところ、曲谷の石臼と伊吹蕎麦との関わりを示す記録は見つかっていない。しかし、『風俗文撰』にある蕎麦の紹介と、この地域で古くからつくられていた石臼との間には、粉にする食生活を考えると、なくてはならない関係があったと推察できる。

集落の入り口に建つ石臼のモニュメント

菜園の囲いに使われた未完成の石臼

未完成の石臼を利用した石段

石垣に用いられている失敗した石臼

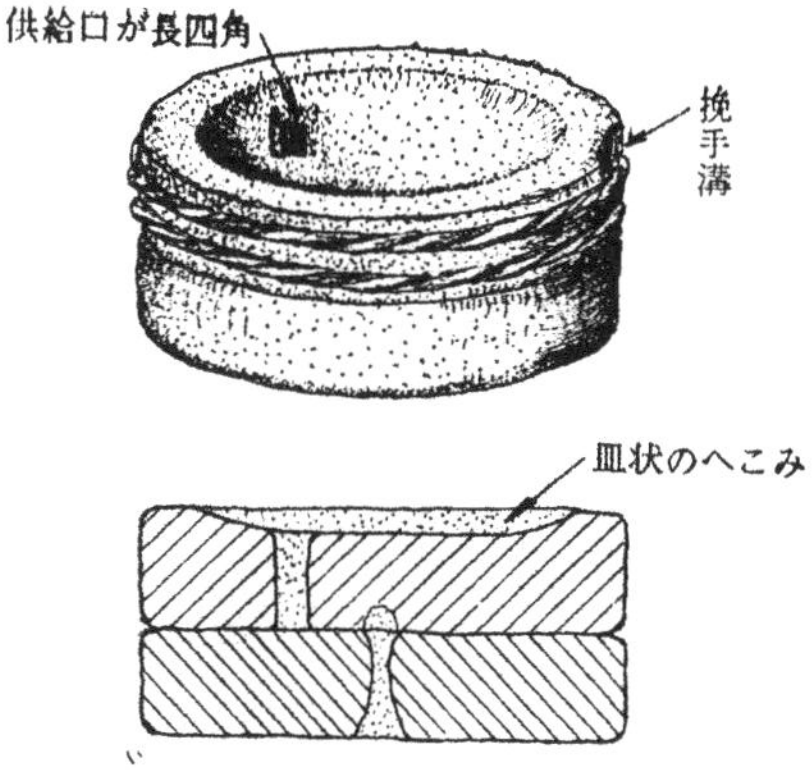

曲谷石臼の構造図
（三輪茂雄『ものと人間の文化史 臼』より）

未完成のまま、もしくは失敗した石臼

第3章　中山道・朝鮮人街道沿いの石　湖東地域

この章では、湖東平野を南北に通ずる中山道と朝鮮人街道に沿って北から南へと紹介するが、まず初めに、中山道から少し寄り道をして多賀町の山手の地域へ行く。

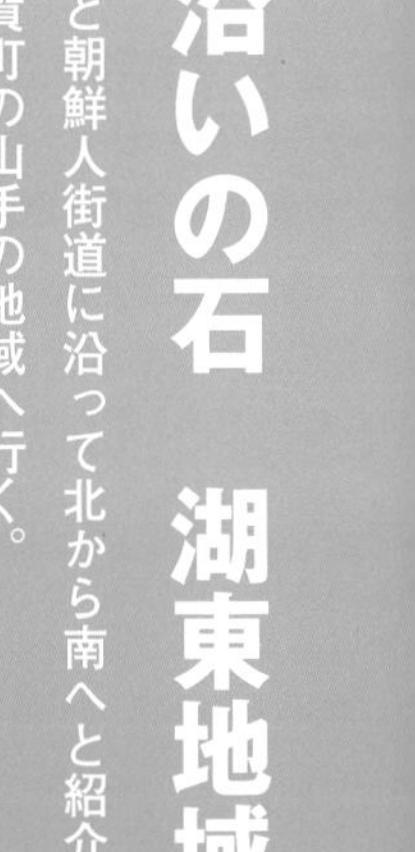

1 石灰岩の石と化石 ―山で見つかる太古の海の生き物たち― ［多賀町］

中山道東方には、南北に連なる山々がある。岐阜県・三重県と峰を分かつ伊吹山、三重県と県境を接する鈴鹿山脈の北に位置する藤原岳、御池岳《おいけだけ》、竜ヶ岳《りゅうがたけ》の石灰岩は、今から2億～3億年前（古生代ペルム紀）に温暖な海の岩礁帯で炭酸カルシウムの殻を持ったサンゴや有孔虫などの生物が積もり、石となったものである。石灰岩は、主に炭酸カルシウムからできている岩石で、水に溶けやすく、雨や地表に流れ出した水、地中へ浸透した地下水などによって、地中にあっても侵食、溶食されていく。御池岳、藤原岳などの石灰岩地帯の山頂部は、ドリーネとよばれるすり鉢《ばち》状の窪地や石灰岩が地表に露出した特有の地形が発達し、地下には多賀町内にある河内《かわち》の風穴のような鍾乳洞《しょうにゅうどう》などがある。

こうした地帯は、落ちている礫も複雑な形をしており、静かな深い山や谷のイメージにかさねることもできるので、盆石や水石を楽しむ弄石家《ろうせきか》とよばれる人たちには魅力を感じる奇石として珍重される。その一つとして、木内石亭は『雲根志 前編』（１７７３）に線画で九山八海《くさんはっかい》石を紹介している。九山八海という言葉は、『大辞林』によると仏教の宇宙観に説かれる聖山・須弥山《しゅみせん》（サンスクリット語　Ｓｕｍｅｒｕ漢訳語）を取り囲む九つの山と八つの海を表しているといわれる。

また、石亭は『雲根志 後編』（1779）で、「銭石《ぜにいし》」と「蜈蚣石《むかで》」という石灰岩から採取された化石と考えられるものをそのスケッチとともに記述している。「銭石は美濃国赤坂山より掘り出せりとて、同所市橋村なる谷氏より恵まれる。（中略）色薄白く一穴ありて、小は一二分、大なるは通用の銭の大いさなり。大石を被って石中にあり。長さ三寸ばかりに連なりあり。ただ百銭をつなぎたるがごとく、打ち破れば一銭ずつ分かる。また山城国鞍馬山僧正《そうじょう》が谷より貴布祢《きふね》（貴船神社）下る道にまれにあり。しかれども小なり」と記述し、「蜈蚣石」も美濃国赤坂駅老納《ろうのう》より一石を恵まれる」とあって、滋賀県の石灰岩地域から採取されたものでない。

石亭が記述した銭石も蜈蚣石もウミユリの化石である。ウミユリは、棘皮《きょくひ》動物に分類されるヒトデやウニの仲間であるが、形態が植物のように見え、根、茎のような部位で海底の岩にくっついて生息し、さらに花びらのような食指で捕食していたと考えられる生物である。ウミユリ化石は、その茎にあたる部位は太く中央に穴が開いているように見えるため、昔の穴あき銭をたくさん持ち運ぶ時にひもを通したイメージで記述している。

石亭の記録の美濃国赤坂山は、現在の金生山《きんしょうざん》（岐阜県大垣市）で、その頃から多くの化石が採取されていたことがわかる。金生山は、日本の古生物学の発祥の地ともいわれる。生涯にわたって金生山の化石研究を行った熊野敏夫（1873〜1963）が採集した化石は、同地の「金生山化石館」で展示・保存されている。石亭は、滋賀県の石灰岩地域の化石についてはどこにも記述していないが、滋賀と岐阜にまたがる霊仙《りょうぜん》山系も金生山と同時期にできた石灰岩と考えられている。多賀町立博物館に行けば、ウミユリの化石をみることができ、多賀町河内付近を流れる芹《せり》川の河原で運がよければみつけることができる。

霊仙山系から採取された代表的な化石をいくつか紹介する。

九山八海石（『雲根志』より）

滋賀県多賀町の石灰岩地域　権現谷

九山八海石とよばれるような溶食した石灰岩

銭石・蜈蚣石（ウミユリ化石）の断面

銭石・蜈蚣石
（ウミユリ化石の柄・茎の部分）

スピリファー（石燕）

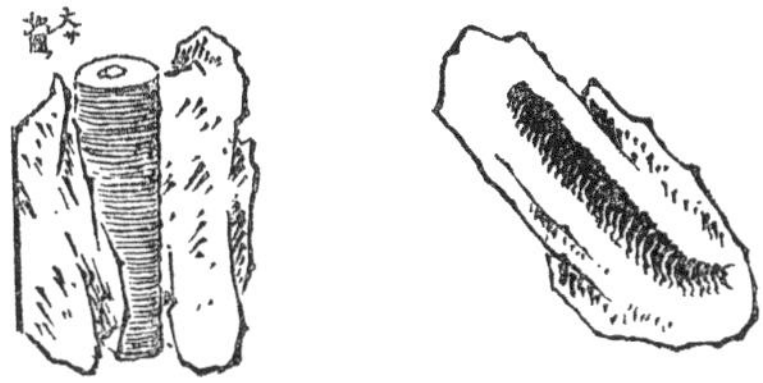

銭石・蜈蚣石（『雲根志』より）

四射サンゴ

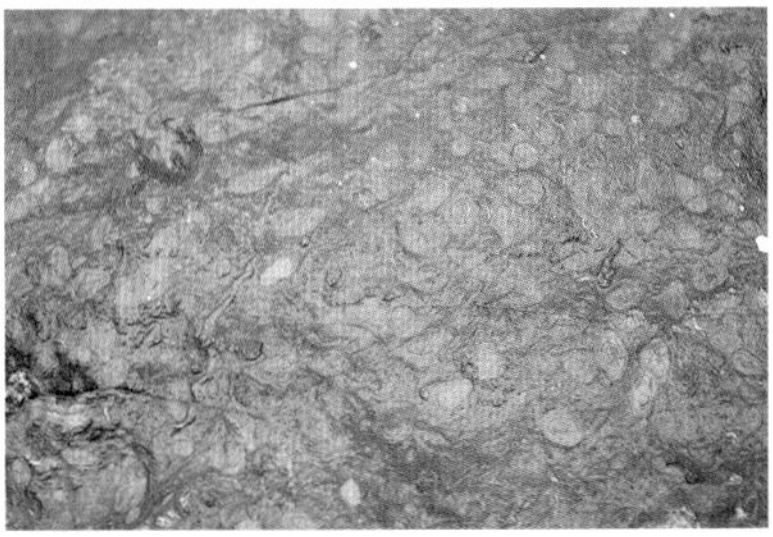

フズリナ（紡錘虫）

2 馬淵の石工 —江戸城の石垣積みにも活躍—

［近江八幡市］

近世から近代にかけて活躍した近江の石工《いしく》は、先に紹介した穴太衆《あのう》（大津市）、石臼をつくる曲谷《まがたに》石工（米原市）のほか、馬淵《まぶち》石工が知られている。蒲生郡岩倉村・長福寺村に住まう石工集団をさすが、明治時代に両村が馬淵村（現、近江八幡市）に合併されたため、その名で称された。

馬淵石工について、『淡海録《おうみろく》』（１６９０年頃）の「山川水石記」には「岩倉山石　山上、山下大石有。此石臼切石出」とある。また、「江州海陸土産」に「岩倉」の産物として「石舂《いしうす》、切石」とあることから考えると、山から石を切り出し、その石を石臼に加工していた地域集団であったようだ。馬淵石工は、安土城築城に穴太衆とともに駆り出され石積みに関わるようになった石工でもある。豊臣秀吉が天下統一すると馬淵石工は、大坂城、聚楽第《じゅらくだい》、方広寺大仏殿などの石積みに従事し、京都三条大橋の架橋には、橋脚の石柱などの制作から施工までかかわっている。

このような仕事で、名を馳《は》せるようになった馬淵石工は、出稼ぎ石工として伏見城はもとより、名古屋城、江戸城まで石垣を積みに行っている。しかし、元和《げんな》元年（１６１５）、一国一城令によって築城がなくなっていくなかで郷里に戻り、もとの石臼つくりに従事するようになった。しかし、『滋賀県市町村沿革史』（１８８０）によれば、生業は農業が中心になり、石臼作りに従事する者は、この当時でも数軒になっている。

馬淵石工が関わった三条大橋は、大正元年（１９１２）に改修が行われ、天正時代の橋はすべて取り替えられた。その石柱や桁《けた》は、造園業「植治《うえじ》」七代目小川治兵衛《じへえ》（１８６０〜

１９３３）によって平安神宮神苑で再利用され、見事に変身した。このことは、造園学者・小野建吉（１９５５〜）が、丸山宏ほか編『みやこの近代』（２００８）収録の文章で「三条・五条大橋の改修にともなう円柱形、直方体の花崗岩の切石を用いた沢飛石などに活用し、古の都の歴史の産物が近代に蘇った「みやこの近代」の具現である」として、賞賛している。馬淵石工の作成した遺品は臥龍《がりゅう》橋のほかに柱を積み足すため細工された石柱も庭園に配置されている。馬淵石工が残した仕事は、石であったゆえ、朽ちることなく日本を代表する観光地・平安神宮で再び小川治兵衛によって蘇り、４００年を経た世に残る職人気質が偲《しの》ばれる。

平安神宮の大鳥居（京都市）

平安神宮中神苑の蒼龍池と臥龍橋

東神苑にある円柱の橋脚が使われた植え込みの庭

3 沖島の切石 ―明治の近代化で用いられた建築資材― ［近江八幡市］

沖島《おきしま》（沖ノ島とも、近江八幡市）は、日本の淡水湖では橋で対岸につながっていない唯一人が住む島である。島の形は、二つのこぶが連なるように尾《お》山（標高225ｍ）と西南部の頭《かしら》山（標高139ｍ）がつながり、空からみれば瓢箪《ひょうたん》のような形にみえる島である。島は平地が極めて少なく、ほとんどが山林でその斜面が湖岸近くまで迫り、集落は西南部の狭い平地に密集し、生活が営まれている。

沖島の地盤は、花崗閃緑斑岩《かこうせんりょくはんがん》と溶結凝灰岩《ぎょうかいがん》という岩石でできており、風化や浸食が進む湖岸にはそれらの岩石が露出している。ここでみられる花崗閃緑斑岩は、『淡海禄』（1689）には「沖嶋普請《ふしん》石」とある。古くから石垣積みに用いる四角錐《しかくすい》形の間知《けんち》石の採石が盛んに行われていた。また、『近江輿地誌略』（1734）には、「沖島《おきのしま》 岡山西北にあり。湖中の一島也、東西三町余南北十四五町あり。漁人多く此に住み、其島の石を取って之を売る。己が居を亡ぼす者也というべし」と記されている。

間知石は、近代化が始まる明治の頃から建設資材として需要が急激に高まり、琵琶湖疏水《そすい》、南郷洗堰《なんごうあらいぜき》や東海道本線の敷設《ふせつ》工事などに切り出され採石現場は活気に溢れていた。一方、昔から従事していた漁業は、風や大雨、雪など天候に左右され、漁業専業の収入では生活不安がつきまとうのが常であった。島の漁業従事者は、採石業が拡大するにつれ、深く関わるようになった。島から石材を運び出すには船が必要で、船は湖をよく知った船頭がいなければ動かないと、多くの島民が採石仕事に転向していった。

『近江輿地誌略』の「己が居を亡ぼす」との記述は、島の人びとが採石技術を持った対岸の比良《ひら》の石工や、小豆島《しょうど》（讃岐国《さぬき》＝香川県）などからの出稼ぎ石工に、採石の権利を売っていたことからと考えられている。しかし、その後に技術を習得し、石工になる島民が現れてくると、島の人びとの考え方も変化したという。島の共有林内の採掘・採石には、島の住民が経営、運営する組織・沖島石材販売組合が大正4年（1915）に設立された。石材採掘による収益は、沖島石材販売組合の設立によって、村の経常経費はもとより、沖島の将来を考えて積み立てもできるようになったという。島民は対岸の農地を購入する者もでて、米作を始めるなど島の食糧確保や経済効果にも大きく貢献したと伝えられている。しかし、時代の流れは、建材が石からコンクリートへと移り、一方で交通が湖上から陸のトラック輸送へと変化していった。

島の地形が変わるほど切り出された石は、枯渇《こかつ》し、設備は老朽《ろうきゅう》化が進むなかで次第に競争力を失い、昭和45年（1970）、組合の解散によりその歴史に幕を下ろしている。最盛期の採石場（丁場）は、10か所余りあったと伝えられているが、今は木々が繁茂した所やささやかな菜園になっている。島の北西にかつてあった採石場跡に行くには、湖辺縁の細い道をたどるしかない。道に沿う狭い庭や畑の囲いに使われている石は、売るに売れない屑石《くずいし》である。湖岸は薄く平らな角が鋭い石片で埋め尽くされ、波に洗われた花崗閃緑斑岩は、その特有の長石の白い斑晶《はんしょう》が目に入る。石片は間知石に加工する作業場がその付近にあって鏨《たがね》や金槌《かなづち》で形を整えた後に捨てられたものである。

建物の土台などの多くがコンクリートに変わったことで、なぜか石垣のある風景は私たちの心に安らぎを与える。沖島の石が積まれた石垣は、どこにあっても特徴を鮮明にする長石が映え、往時を偲ぶことができ、なおさら親しみがわく。

沖島遠景（（公社）びわこビジターズビューロー提供）

間知石

琵琶湖疏水の琵琶湖取水口付近に積まれた沖島産の石（大津市）

採石場跡

沖島の民家に積まれた屑石

渚に打ち寄せられた
花崗閃緑斑岩の石片

4 湖東流紋岩類 ―安土城石垣になった火山噴火の痕跡― ［近江八幡市］

湖東流紋《りゅうもん》岩類は、平成28年（2016）日本地質学会が選定する滋賀県の岩石に選ばれた流紋岩質溶結凝灰岩《がんしつようけつぎょうかいがん》とよばれる堆積岩である。この岩石は、約7000万年前の中生代の火山活動で噴出した火山灰などが固まった岩石で、その頃この地に火山があったことを証明した。その分布は、日野川と犬上《いぬかみ》川の中間域の湖東平野に点在する湖東島状山地や琵琶湖の沖島、沖《おき》の白石《しらいし》なども湖東流紋岩類からなる島である。湖東流紋岩類の分布域は、同時期の火山活動でできたと考えられる石英斑岩《せきえいはんがん》、花崗斑岩《かこうはんがん》などの貫入岩をともなった岩石を構成している。

湖東流紋岩類は、織田信長が天下統一に込めた城郭をもつ安土城の壮大な石垣として積まれている。石垣を高く積む堅牢《けんろう》な石垣積み工法の発達の出発点は、安土城と考えられている。『信長公記《しんちょうこうき》』（1881）によれば安土城は、「天正四年正月中旬より安土山普請」という言葉で始まり、四月朔日《さくじつ》に「観音寺《かんのんじ》山、長命寺《ちょうめいじ》山、長光寺《ちょうこうじ》山、伊場《いば》（庭）山所々の大石を引きおろし千、二千、三千宛《ずつ》にて安土山へ上《のぼ》せられ候」とある。また、「大石を選び取り、小石を選び退《の》けられ」「大石御山の麓迄寄せられ候といへども、蛇石《じゃいし》と云う名石《めいいし》にて勝《すぐれ》たる大石に候間、一切に御山へ上らず候（中略）助勢《すけぜい》一万余の人数を以て、夜日《よひ》三日に上せられ候」とある。安土城の石垣は、その地にある岩石を切り出してつくられたことが記述されている。

『信長公記』に記載されている石を切り出した山々は、すべて湖東流紋岩類からなるが、その採石場は見つかっていない。石は区分けされ、石垣用に安土山の麓に集められ、築城現場に引き上げられたと書かれているが、蛇石の所s在は不明である。天守閣の基礎として地中深く埋め込まれているのではないかとも伝えられている。現代の科学技術であればすぐにでも探査できるだろうが、夢も残しておきたいものである。

安土城の急勾配の大手道に沿ってその傍らに前田利家、羽柴秀吉らの家臣邸と伝えられる屋敷跡の虎口《こぐち》には、人型の石材が使われているが、他は大きさも形もまちまちの石が積まれている。一方、向かって右側の徳川家康屋敷跡（總見寺《そうけんじ》側）の石垣は、足元から寺が見えないほどの高石垣である。さらに登って行くと、大手道はS字カーブに曲がり、黒金《くろがね》門跡をくぐると石垣は一変する。天主へと続く信長の威信を示す区域である。そこは城内で最大級の石をもって石垣が築かれている。

安土城の石垣は、「穴太積み」もしくは「穴太衆積み」とよくいわれているが、『信長公記』にはそうした記述はない。石工・穴太衆は、江戸時代中期に刊行された『明良洪範《めいりょうこうはん》』に初めて名が出てくるため、信憑《しんぴょう》性には疑問が残る。信長の威信をかけ短期間で城の完成を成し遂げたことを考慮すると、信長の権力がおよぶ各国から優秀な石工が集められたように思われる。おそらく、地元の近江八幡の馬淵や岩倉石工、大津の穴太の地域の石工もかかわったであろう。

安土城の築城は、都に近い近江という土地、琵琶湖を配した地形から論ぜられることが多いが、強固な要塞を支える石・湖東流紋岩類が容易に入手できる地域であったからこそ信長の夢がかなったと、石好き筆者は考えてしまう。

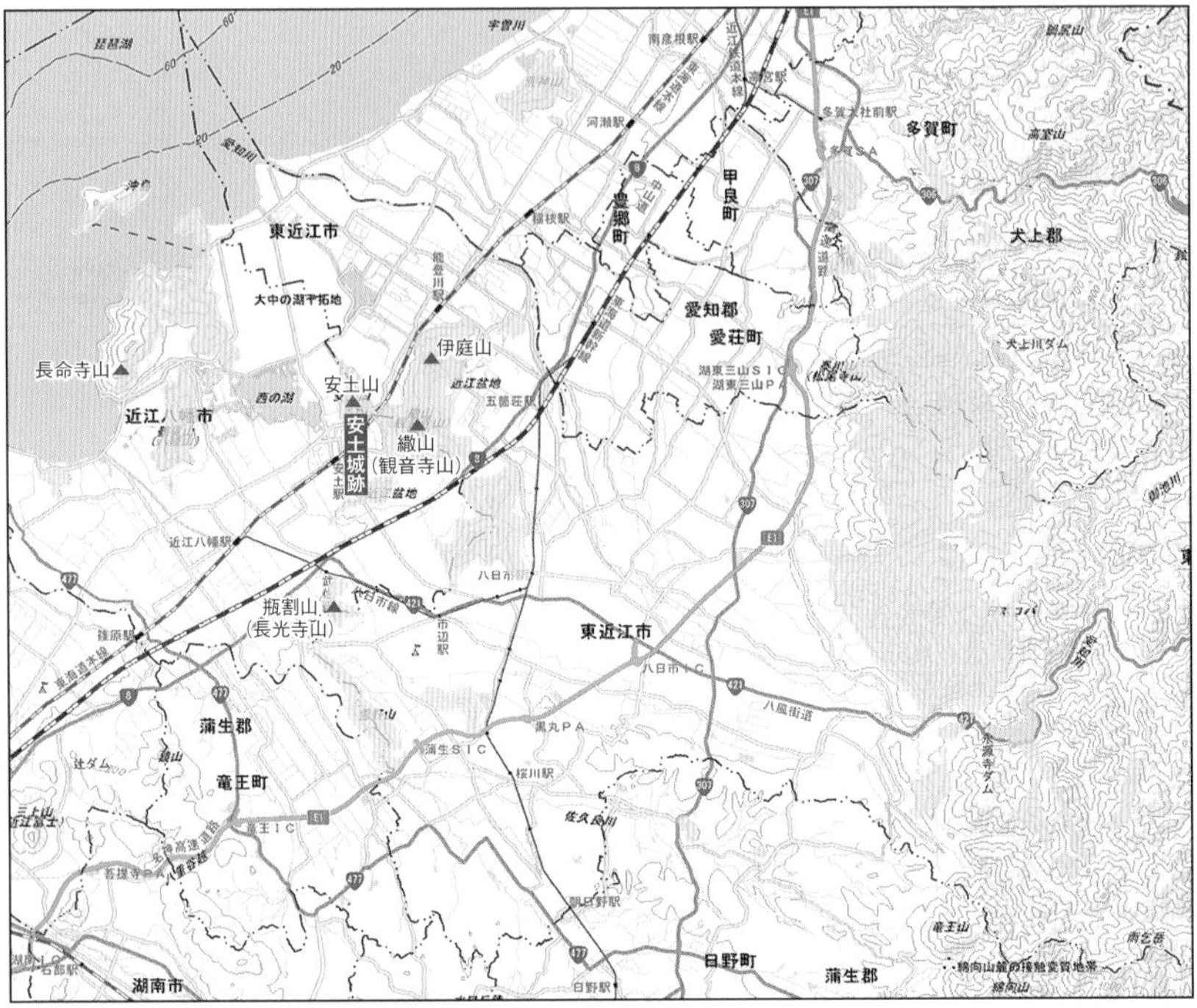

安土城の石垣用の大岩が切り出された山と湖東流紋岩の分布（ピンク色の部分）

産総研地質調査総合センター、20万分の１日本シームレス地質図（詳細版）を元に作成

湖東流紋岩類

安土山遠景

安土城址の高石垣

黒金門跡の石垣

信長の威信を示す石垣

第4章　御代参街道沿いの石　湖東地域

東海道土山の宿のはずれから日野町鎌掛《かいがけ》を通り八日市を経て中山道を結ぶ街道があった。この章ではこの街道を北から南へ下る。

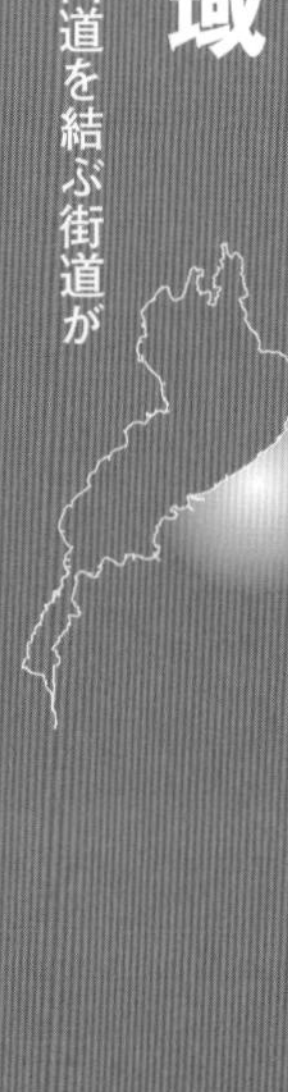

1 願掛石・乳地蔵　―信仰を集めた二つの祠―

［東近江市］

石亭の『雲根志 前編』（1773）は、現在の東近江市建部《たてべ》日吉《ひよし》町にある「願掛石《がんかけいし》」をとりあげている。「江州神埼郡北村南の出口に自然石の橋あり。この石の裏に女の乳房のかたち二つあり。近郷の婦人乳の願をかけ祈る。たちまちそのしるしありと、予宝暦十三年未正月十七日（1763）ここに至り是を見るに、げにも乳房のごとく乳頭まであり。石橋は一間《けん》ばかり、幅五尺ばかりの自然石にして、その橋のうちより二つ下りてあり。その乳の長さ一尺ばかり、鍾乳《しょうにゅう》ごとくにして鍾乳にはあらず。自然の物なり。予按ずるにこれらを石髄《いしずい》ともいうべきや」と記述している。

建部日吉町の県道52号線沿いに乳橋地蔵尊の祠《ほこら》が2か所ある。祠の位置は、1か所は道路沿いに、一方、もう1か所は、道路を挟んで東側に少し入った小川の傍にある。明治なって御代参街道は拡幅され道路改修が行なわれたことによって、橋は撤去された。その時、身の丈3寸の神像がでたという。その神像は、言い伝えとして、1000年以上前、慈覚大師円仁《じかくだいしえんにん》（794～864）が橋のほとりで休憩したとき、乳のでない母親の悲愁にくれる話を聞き、大師は神像を自作して橋のたもとに埋め、巨石を建て乳神様としたものとされている。乳橋地蔵とよばれているが、実際の本尊は神像で、また参拝の対象は、ご神体上に建てた巨石であると伝えられている。

一方、道路を挟んで東側にある乳橋地蔵尊の祠までは、2m余りの小川があって湖東流紋岩類を切り出した石橋が架かっている。橋の下をのぞきこむと、一つであるが確かに乳房の形をしている。石亭の記述した石橋ではないようであるが、祠には乳頭まであしらった1対の乳房の縫いぐるみが数多く奉納されている。

これら二つの祠は、後の時代に双方本家争いもあったとの話も伝えられているが、母乳が出ない母親は、乳《ち》飲み子を育てるために神仏にすがりたい思いは、ことのほか大きかったであろう。現代は母乳の代わりになるものがあるので、母乳がでなくても心配することもなく、参詣者は少ないのか、祠に奉納されている縫いぐるみの乳房も色あせている。

めぐり来てここに乳橋地蔵尊もらさで救ふこの世のちの世（『八日市のむかし話』より）

県道52号線沿いの乳地蔵堂の内部

県道52号線沿いの
乳地地蔵堂

県道52号線東側の乳地蔵堂

東側の乳地蔵堂に架かる橋下の乳形石

東側の乳地蔵尊に奉納された手づくりの乳房

2 布袋積み　―ご利益があるとされた愛知川河原の玉石―　［東近江市］

愛知《えち》川中流域右岸（東近江市のうち旧湖東町）に連なる集落では、屋敷周りに花崗岩などの石材で石積みされた立派な民家が見られる。愛知川は、湖東平野を流れ、鈴鹿山脈の北部の1000～1200m余りの山々を結ぶ、三重県境を分水嶺にした河川である。この地域の石垣の礫岩《れきがん》は、愛知川上流にある山々の地盤である花崗岩地帯から運ばれたと考えられるものが使われている。その岩は、サッカーボールのように真円ではないが、ラグビーボールのように楕円《だえん》でもない丸みの大きい30cm余りの玉石《たまいし》が使われている。ほぼ同じ大きさのものを同じ階層に積んでいく布袋《ほてい》積み《づ》とよばれている工法であるが、もともと石は形も大きさも不定であるから、みごとな職人技といえる。

石工用語で枕大の礫岩は、「枕石《まくら》」とか「呉呂太石《ごろた》」と呼ばれている。その石を使った石積みの工法はいくつかに分類されるが、愛知川流域の石垣は玉石谷《たまいしたに》積みと呼ばれる工法である。この地域独特の呼び方として「布袋積み」とよばれている。

愛知川流域の小田苅《こたかり》集落の家々に積まれた布袋積みの石垣は、単なる石積みでなく、屋敷・住宅と道路の間に水路を挟んだ屋敷境界に積まれ、道路からよく見え、水路の水に石積みが映え、鏡をみているような所もある。水路は通年水が流れ、屋敷内に引き込まれ、布袋積みの川戸がつくられコイが泳いでいる。小田苅集落には、江戸時代から今に続く近江商人・小林吟《ぎん》右衛《え》門《もん》（1800～1873）の旧邸宅が市に寄贈され、近江商人郷土館として保存されている。

旧邸宅の布袋積みや集落の家々の布袋積みは、布袋尊のご利益といわれる千客万来・家運隆盛・家庭円満・商売繁盛などの縁起に重なり、近江商人の家運に結びつけられる石積みである。

愛知川の川原の礫岩

地蔵堂の土台に用いられている布袋積み

近江商人郷土館
（小林吟右衛門旧邸宅）

愛知川流域の家々に見られる
布袋積み石垣

3 天竺石・阿育王塔 ―朝鮮半島起源ともされる三重石塔― ［東近江市］

東近江市石塔町の石塔寺《いしどうじ》にある三重石塔（別名 阿育王塔《あしょかおうとう》）は、その形態が朝鮮半島の文化とのつながりをうかがわせる三重の塔であるといわれている。たとえば『日本書紀』の天智《てんじ》8年（669）には「鬼室集斯《きしつしゅうし》ら男女七百余人を以って近江の国の蒲生《がもう》郡に遷《うつ》しておく」との記述があり、渡来系の人たちとの深い関わりが推察できる。旧蒲生町は、大韓民国扶余《プヨ》郡場岩面《チャンアムミョン》長蝦里《チャンハリ》にある三重の塔が、石塔寺の塔に似ている縁によって、場岩面と姉妹都市提携を平成4年（1992）に結んだ（現在も東近江市が継続）。

石亭は『雲根志 前編』（1773）に「近江越智《（愛知）》川の辺、石塔寺村に古き五重の塔あり。その色他石に異なり。伝えいう、天竺より七宝の塔を造りて三国に投げ給う一つなりと。『拾芥抄《しゅうがいしょう》』阿育王の塔なりといへり。石塔村といい、石塔寺と号す」（傍点引用者）と記述している。現在みられる塔は三重の塔であることから石亭の記述と異なっているが、その理由はわかっていない。石亭がいう『拾芥抄』（慶長年間）は、鎌倉時代の書籍で、そこには「蒲生石塔近江、昔阿育王、使諸鬼神造八万四千塔之一也」とある。阿育王が投げた八万四千塔の一つであると伝えられ、人々の信仰とともにこのことがまことしやかに伝わり、この当時には広く知られるようになったと考えられる。

石塔寺は、織田信長の天下制覇の兵乱によって、寺も寺宝もすべて焼失したと伝えられるが、阿育王塔に参詣する人々は、先祖の菩提を弔い、自らの極楽往生を願い、五輪塔や石仏を奉納した。その範囲は広く、五輪塔や石仏は長い年月を経るなかで、落葉や土に覆われ地中に埋もれていた。こうした五輪塔や石仏は、篤志家《とくしか》や地元の人たちの協力によって集められ、三重の石塔を取り囲んだ新たな霊域の整備が昭和2年（１９２７）頃からおこなわれた。その数１万３０００体ともいわれる石仏は、整然と安置され、昭和4年に開眼大供養が行われた。

旧蒲生町は、韓国場岩面の姉妹提携10周年記念事業において「石塔寺三重の塔のルーツを探る」と題したシンポジウムを韓国、日本の大学教授や研究者を招いて開催した。阿育王が、仏法興隆のため投げた八万四千塔の一つと伝えられる塔のルーツを探るものであった。その議論の結果としては、場岩面長蝦里の三重の塔が手本になったとしながらも、建立年代や建立者などについて明らかにすることはできずに終わっている。

一方、塔の石材や製作者については、岩石そのものの分析を行うことで可能かもしれないが、重要文化財ゆえに制約がある。石材は、目視では細粒花崗岩のようである。その産地は、運搬の労力などからすれば近々であるとの考えが常識的であるが、周辺地域の日野町蔵王《ざおう》や日野町小野石子山《いしこやま》に分布する花崗岩は、阿育王塔の石質とは異なる。また、少し離れるが近江八幡市の岩倉山にある花崗岩も、肉眼の観察でも似ても似つかない。

滋賀県教育委員会が石塔寺に平成6年（１９９４）3月に建てた説明版は、「三重塔は様式手法から奈良時代前期の造立とみられ、この地に移住してきた百済《くだら》の渡来人との関連があると推測される」にとどまり、石材の産地も製作年代も石工の存在もわからない。しかし、日本様式でない朝鮮半島文化を伝えた貴重な遺産であることはまちがいない。

石塔寺三重石塔（阿育王塔）（重要文化財）

石塔寺の山門

石塔寺墓石群

地

補充注文カード

地方小出版 流通センター 取扱品

貴店名(帳合)

発行所	書名・著者名
サンライズ出版	近江路をめぐる石の旅 琵琶湖博物館ブックレット 長 朔男 著

9784883257119

ISBN978-4-88325-711-9
C0344 ¥1500E

定価
(本体1,500円+税)

注文数 冊

注文制です。返品のないようにお願いします

地方小出版

売上カード

書名・著者名

近江路をめぐる石の旅
琵琶湖博物館ブッ

長　朔男

サンライズ出版

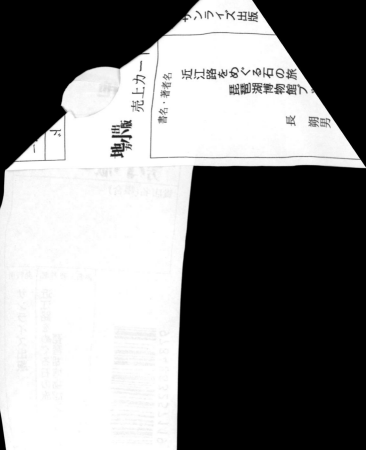

綿向山

4 接触変質地帯　―マグマによる岩石の変成作用―

［日野町］

綿向山《わたむきやま》は、鈴鹿国定公園内にあって、標高1110mを有し、7世紀頃から山岳信仰の対象として崇拝され、『近江輿地志略《おうみよちしりゃく》』（1734）には「相伝、古昔近江一国の山伏《やまぶし》、大峰入《おおみねいり》（大和国の大峰山における修行）に准じて此に登山す、山伏居場所は山伏休息の場也といふ」と書かれていることから、近世には修験者《しゅげんじゃ》の活動の山であった。

綿向山の西麓には国の天然記念物に指定された接触変質地帯がある。ここでは、水木野《みずきの》谷付近の岩石中にレンズ状にあった石灰岩が、後述の石山寺の石（第5章―14）と同じように、地球の深いところから上昇してきた高温のマグマによって、熱変成を受け、結晶質石灰岩（大理石）に変わり、石灰岩の成分にあるカルシウムが他の岩石の成分と結びついてできた珪灰石やベスブ石、輝石などの鉱物ができて露出している。

この地点の天然記念物指定申請事由の文言は、国指定文化財等のデータベースで確認でき、カタカナ交じりで書かれている。指定日は昭和17年（1942）のことであるから、現在の知見で考えなければならないこともあるが、原文は「接觸変質ノ現象極メテ顯著ナルノミナラズ花崗岩トノ接觸部モ現地ニ於テ視察スルコトヲ得學術上有益ナル天然資料タリ」と締めくくられ、学術上の重要性が書かれている。

この地へ行くには、国道477号音羽《おとわ》経由西明寺《さいみょうじ》までのバスに乗り、終点から後は、綿向登山道を30分余り歩かなければならない。車なら北畑《きたばた》林道の起点から林道を利用すればよいが、林道入り口は、獣害防止の柵がしてあるので許可を得なければならない。指定地には石柱が建てられているので、その付近であることはわかる。対象となる岩石や鉱物の観察は、その場所の管理が自然のままなので、雑草や落石、落葉などが積もっているが、付近一帯に露出する岩を観察すると、白い珪灰石らしき接触鉱物を見つけることができる。観察を続けるには、登山道が横切る川原に下りて、谷川に落ちている石を調べると、運が良ければ変成を受けた結晶質石灰岩や珪灰石、ベスブ石が観察できる。

日野町は数多く天然記念物の指定を受けており、他には別項の「鎌掛《かいがけ》の屏風《びょうぶ》岩」、「別所の高師小《たかしこ》僧《ぞう》」がある。石の他にも、植物の「熊野のヒダリマキガヤ」、「鎌掛谷のホンシャクナゲ群落」がある。これらの指定は、日野町十禅師《じゅうぜんじ》出身の滋賀県女子師範学校教諭・橋本忠太郎（１８８６〜１９６０）が滋賀県天然記念物調査員を務めていた頃のものである。天然記念物の指定は先生の存在、功績が形で残された遺産といえる。私たちはその遺産を守る務めがある。

「天然記念物接触変質地帯」の標柱

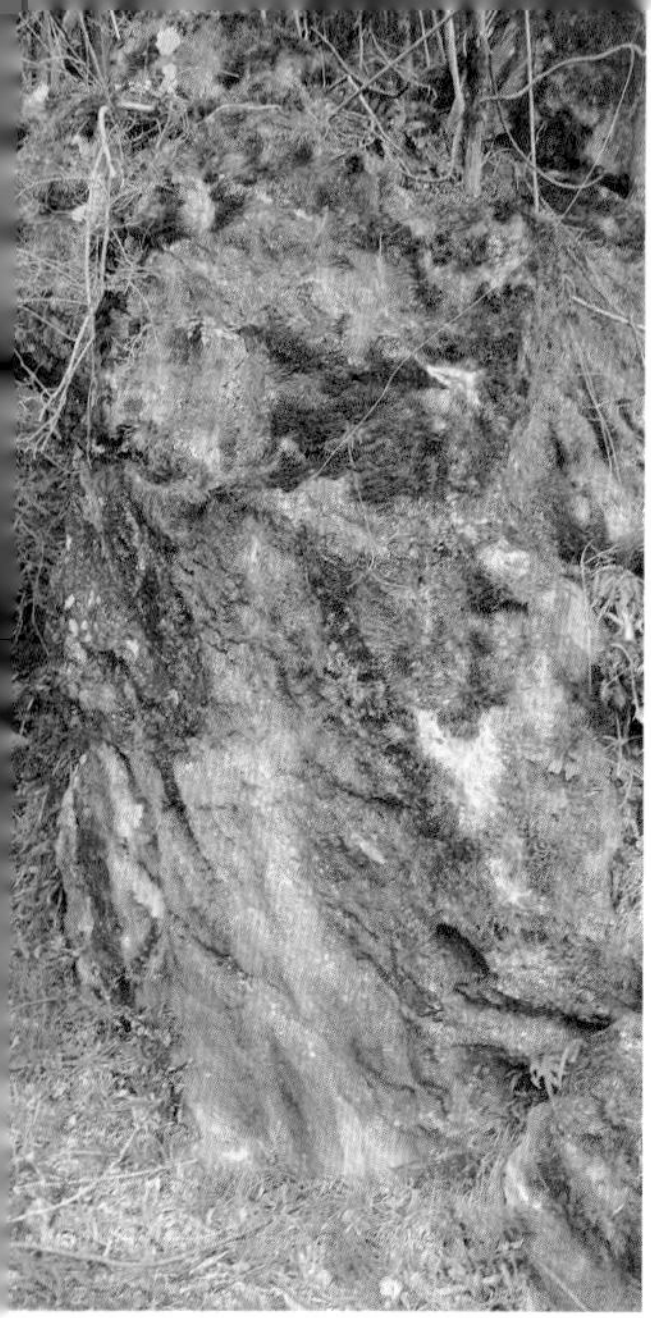
接触変成岩の露頭

5 鎌掛の屛風岩 ―赤道付近の深海で生まれたまっすぐな縞模様― [日野町]

滋賀県の花・ホンシャクナゲが自生する日野町鎌掛谷《かいがけ》一帯は、鈴鹿国定公園の特別保護地域に位置し、その一角に国指定天然記念物の鎌掛の屛風岩はある。屛風岩の岩石は約1億7000万年前の赤道付近の深海に堆積してできたもので、主としてチャートとよばれる石である。チャートは、表面がツルツルした透明感のある硬い石で、灰色、茶色、黒色などの岩石が2～4㎝余りの厚さで、板状に重なり断面が直線的な縞《しま》模様をしている。

起伏に富んだ日本の地盤をつくった地球の活動は、もともと水平にたまってできたチャートなどの岩石を褶曲《しゅうきょく》とよばれる作用によって岩石が複雑に曲げられた状態になっている。しかし、屛風岩はなぜかまったくその作用を受けておらず、平らでまっすぐな面を保っていることから、昭和18年（1943）に国の天然記念物の指定を受けた。

屛風岩との名は、岩が六曲の屛風《びょうぶ》を立てたような形の一枚岩であったことからといわれている。ところが、この地の岩石は、江戸中期から明治初期にかけて石垣、庭石などの石材として切り出されたことにより、その大きさは、もとの約3分の1になったといわれている。現在の大きさは、およそ底辺約31m、幅約7m、厚さ約4m余りの二曲屛風の岩である。

垂直に近い屛風岩は、近寄るには危険である。しかし近年、屛風岩のすぐ下流に砂防工事による堰堤《えんてい》が築かれ河道整備が行われた。その工事にともなってこの河川域の岩石（鎌掛石）を石材とする石積みが施行され、新鮮な面とその美しさが観察できる。また、昔に切り出された石は、集落の氏神・八坂神社や誓敬寺などの石垣に多く使われている。鎌掛地区はかつて御代参街道の宿場町で、屋号が残る民家の庭や神社、檀那《だんな》寺に、鎌掛石はとけ込んでいる。こうした風景は、先祖が決めた鎌掛地区以外へ石を持ち出すことを禁止する申し合わせがあったからと伝えられている。

天然記念物「鎌掛の屛風岩」

砂防工事に使われた鎌掛石

八坂神社社殿の鎌掛石の石積み

誓敬寺の鎌掛石の石積み

鎌掛集落の民家に使われている鎌掛石

鎌掛宿跡の鎌掛石

6 土殷孼（高師小僧）―地下水中の鉄分が植物の根に沈着― ［日野町］

土殷孼《どいんげつ》は、漢方薬材に使われる鍾乳管の基部をさす鉱物と『頭註国訳本草綱目《とうちゅうこくやくほんぞうこうもく》』（1929）にある。薬の主な効きめは血液の流れによる病気の瘀血《おけつ》、泄利《せつり》（下痢）に用いると書かれている。『雲根志 前編』（1773）の紹介では、「土殷孼は土中に産す。その形山芋《やまいも》あるいは薑《しょうが》のごとく、また直《すぐ》にして長きものあり。中空虚《うつろ》なるあり、実満《じつまん》なるあり。その色黄赤く、竹の筒のごとく大根牛蒡《ごぼう》の形なるものあり」と記述し、「数ヵ所より取り集め見るに、少し異なりといえども同色同物なり。産所多し」と書き、産地を列挙しているなかで、滋賀県の産地は、栗太《くりた》郡野路山、同郡目川村東鶏冠山《ひがしとさかやま》、甲賀郡鮎川《（河）》村提田山《さげたやま》、石部《いしべ》宿の近山が記述されている。

石亭がいう土殷孼は、『頭註国訳本草《ほんぞう》綱目』にいう漢方薬に使われている鍾乳管の基部とは異なるものであるが、形状や見た目が同じであったからか、成因を考察することなく、土殷孼としたと考えられる。土殷孼の成因は、地下水に溶けている鉄分が地中の植物の根の周りに集まり、水酸化鉄として沈着して根が腐り、管状や樹枝状に水酸化鉄が生成されて塊になったものと考えられている。愛知県渥美《あつみ》郡高師村（現、豊橋市高師）から産出したものは、「高師小僧」と新しい名前がつけられた。

高師小僧は、全国各地から産出しているため、あまり珍しいものではなく、滋賀県内の高師小僧は、古琵琶湖層群という数百万年から数十万年前につくられた地層が分布する地域に広く見つかっている。日野町別所の小字真窪《まなくぼ》地先から産出した高師小僧は、昭和19年（1944）

に国の天然記念物に指定された。

　指定された当時の産地は、樹木もまばらな丘陵地であったが、昭和59年（1984）耕地整備によって地形が改変され、高師小僧の産出する地層が削りとられて水田になった。現在は水田の一角に空地が確保され、国指定を示す石柱が立っているのみである。別所地域から採集された高師小僧は、日野町の南《みなみ》比《ひ》都《ず》佐《さ》公民館に保存されているが、天然記念物の指定のあり方を考えさせられる事例だといえよう。

「天然記念物　高師小僧」の標柱

高師小僧

高師小僧（日野町南比都佐公民館蔵）

第5章　東海道沿いの石　①甲賀地域

本章の国道1号の鈴鹿峠の麓から甲賀市、湖南市の石を紹介する。

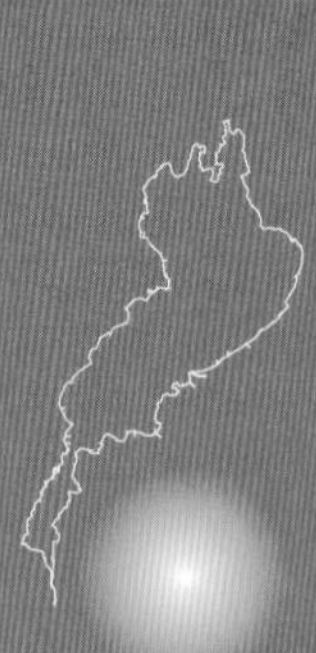

1 貝化石・植物化石　―鈴鹿峠近くで見つかる海の生き物たち―　［甲賀市土山町］

土山宿（現、甲賀市土山町北土山・南土山）は、峻険《しゅんけん》な鈴鹿峠をひかえた東海道五十三次の宿場町であった。鈴鹿峠に横行した山賊、伊勢神宮への斎王《さいおう》群行の「垂水頓宮《たるみとんぐう》」跡、近江茶などで知られる一方、地学的には山から貝などの化石がでることも知られていた。『雲根志 前編』（1773）には「貝石《かいのいし》　同国（近江国）甲賀郡鮎川《（河）》村黒川の間、床鍋《とこなべ》という山の麓にあり。（中略）里人岩貝という」「木葉石　鮎川村黒川の間、提田《さげだ》という山」と書かれている。石亭のいう鮎河村の地域は、約1700万年前に海でできた鮎河層群とよばれている地層がある。その地層は、岡山県から京都府、三重県、岐阜県、長野県など広い地域に同時代の地層が点在している。これらの地層は、現在の瀬戸内海地域にあたる地層で、これらをまとめて第一瀬戸内累層群とよばれている。鮎河層群は、貝化石をはじめ魚類、哺乳類など多くの化石が採集されている。『滋賀県の自然』（1979）には動物化石140種、植物化石8種があげられている。なかでも巻貝のビカリヤは、中新世の時代に爆発的に発生した貝で、この時代の地層、年代を決める化石といわれている。

『雲根志 後編』（1779）では、ここから産する化石について、薑石《きょうせき》、瓢箪石《ひょうたんいし》、海臍《うみへそ》、巌《いわ》之丸《のまる》として記述をみることができる。薑石は「予近ごろ甲賀郡鮎川村の山中、床鍋という所にして薑石を得たり。大いさ拳《こぶし》のごとし。黒沢いたって堅し、おそらくはこれ、真《まこと》の姜石《きょうせき》ならんか。奥に図す（70ページ参照）」とあり、瓢箪石は「近江国甲賀郡黒川村の山中にて拾い得たり。状《じょう》、瓢箪大小数十もつきたり、色黒く、いたって堅実なり、これすなわち薑石の一種ならん」、海臍は「石卵の一種なるべし。甲賀郡鮎川村黒川の山中にまたこの物あり」、巌之丸は「形円《まどか》にして色青黒くあるいは長くあるいは平《たいらか》なり。小なるは胡桃《くるみ》のごとく大なるは毬《まり》のごとし、肌滑らかにして石質堅く、数顆塊《すうつぶかたまり》をなし、あるいは独り壁立《かべたち》のごとき大岩中に孕《はら》みある物なり、石卵に似て別種のものなり。（中略）つらつら按《あん》ずるに本草に説くところの薑石の類ならんか」。さらに、「石ノ臍《へそ》」「岩ノ丸」「姜石」「大黒石」「瓢箪石」「鮎川村谷川筋にアリ」と記述し、「これら五品石産ともに同物也、里人形状を以て名を分つ也」とある。これらの石は、それらの形状からまさにノジュール（団塊《だんかい》）を表していると考えられる。

ノジュールという言葉は、よく「団塊の世代」（戦後の第1次ベビーブーマー）を表す言葉として使われているが、地学用語では地層中にできた塊のことで、大きいものは直径70〜80㎝、小さいものは1㎝たらずのものまであって、その形状は、丸いイメージであるが雲根志に記述されているようにさまざまな形をしているものもある。

ノジュールの成因は、貝などを核として地層に含まれる石灰成分が地下水の作用で固まってできたものと考えられている。生物の死骸のうち、貝や甲殻類、魚や動物の骨などの石灰成分をもつものは、ノジュールをつくりやすく、割ると中から出てくることが多い。雲根志の記述は、外観の形によって呼び名を列記しているのみである。私たちの調査では、ノジュールから貝殻がはみ出しているものがよくあるため、化石を取り出すために割ってみたい衝動に駆られると思うのだが、雲根志に核となっている化石についての記述がないのは、形状を大切にするためにノジュールを割らなかったためと思われる。

薑石（『雲根志』より）

形状の異なるノジュール（甲賀市土山町産出）

第5章　東海道沿いの石　①甲賀地域

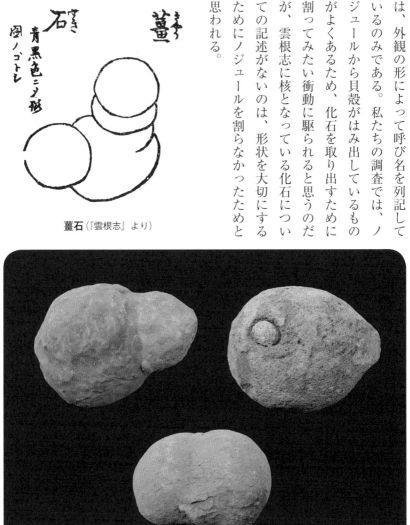

直径3㎝あまりから40㎝のノジュール（甲賀市土山町産出）

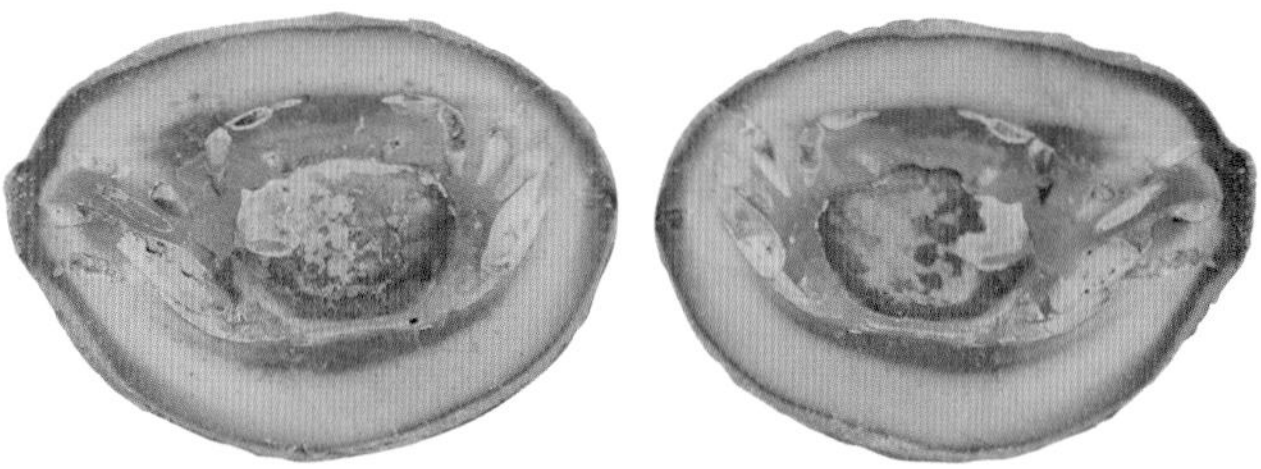

ノジュールを割った中にできていた
イソガニの仲間の化石

シオマネキの仲間

ビカリヤ
現在は絶滅してしまった巻貝

ノジュールの中に入っていた貝化石

フジツボの化石

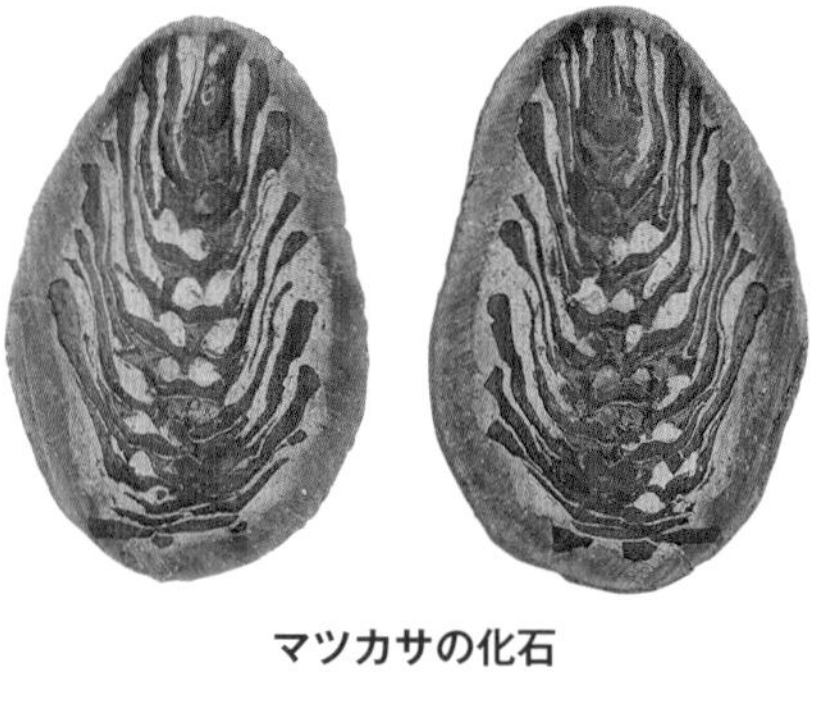

マツカサの化石

愛読者カード

ご購読ありがとうございました。今後の出版企画の参考にさせていただきますので、ぜひご意見をお聞かせください。なお、お答えいただきましたデータは出版企画の資料以外には使用いたしません。

●書名

●お買い求めの書店名（所在地）

●本書をお求めになった動機に○印をお付けください。

1．書店でみて　2．広告をみて（新聞・雑誌名　　　　）
3．書評をみて（新聞・雑誌名　　　　）
4．新刊案内をみて　5．当社ホームページをみて
6．その他（　　　　）

●本書についてのご意見・ご感想

購入申込書

小社へ直接ご注文の際ご利用ください。
お買上 2,000 円以上は送料無料です。

書名　（　　冊）

書名　（　　冊）

書名　（　　冊）

郵 便 は が き

お手数ながら切手をお貼り下さい

5 2 2-0 0 0 4

滋賀県彦根市鳥居本町655-1

サンライズ出版 行

〒

■ご住所

■お名前《ふりがな》　　■年齢　　歳　男・女

■お電話　　■ご職業

■自費出版資料を　　希望する ・ 希望しない

■図書目録の送付を　　希望する ・ 希望しない

サンライズ出版では、お客様のご了解を得た上で、ご記入いただいた個人情報を、今後の出版企画の参考にさせていただくとともに、愛読者名簿に登録させていただいております。名簿は、当社の刊行物、企画、催しなどのご案内のために利用し、その他の目的では一切利用いたしません（上記業務の一部を外部に委託する場合があります）。

【個人情報の取り扱いおよび開示等に関するお問い合わせ先】
サンライズ出版 編集部　TEL.0749-22-0627

■愛読者名簿に登録してよろしいですか。　□はい　□いいえ

ご記入がないものは「いいえ」として扱わせていただきます。

木の葉化石

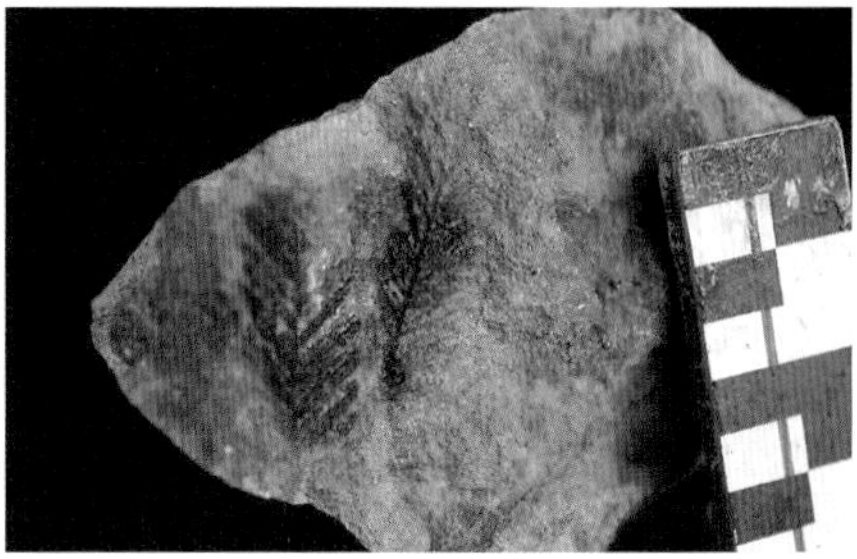

メタセコイヤ

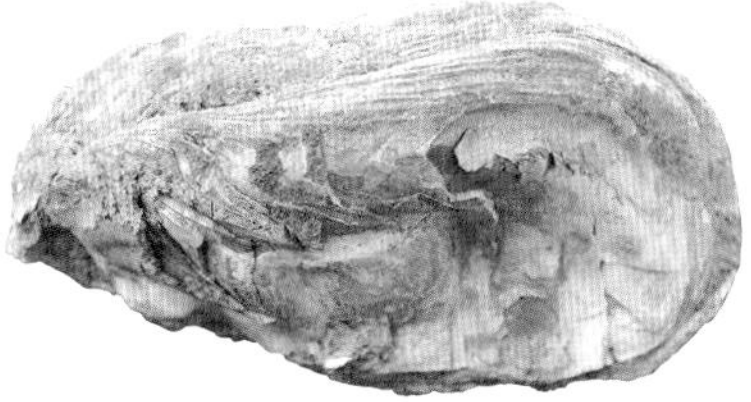

カキの化石

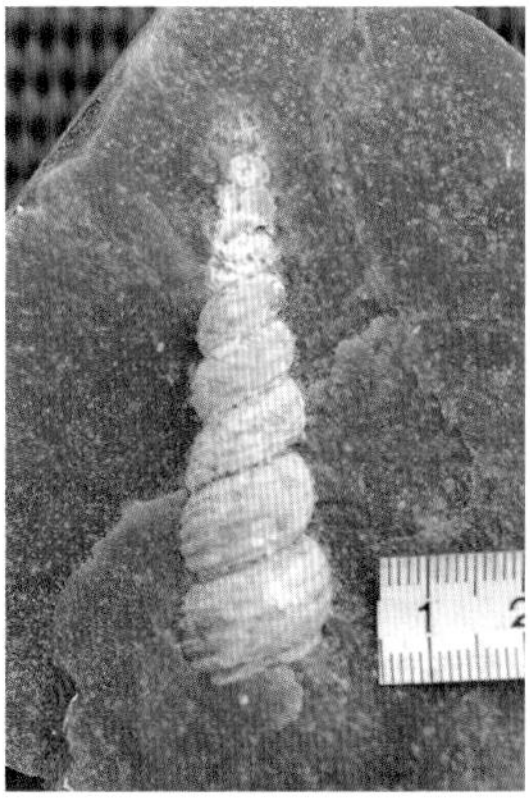

キリガイダマシ
現在は台湾以南の熱帯
太平洋に分布する巻貝

さまざまな化石が密集したノジュール

2 くいちがい石 ―横から力を受けてずれた礫岩―

［甲賀市］

益富壽之助《ますとみかずのすけ》著『石　昭和雲根志』（１９６７）に新称として取り上げられた「くいちがい石」は、岩石が途中でずれ、食い違ったようにみえるものである。この著書で紹介された石は、中華人民共和国遼寧省《りょうねい》蓋平沙崗《がいへいさこう》（得利寺《とくりじ》）産で、発刊時に国交がなく、現地での調査ができないこともあり、同書では、その成因の真実が語られる日がくるであろうことを期待すると、結ばれている。

この書籍が出版されてからすでに50年経ち、この石は、日本各地から発見されている。愛知県新城市鳳来《ほうらい》町、京都府福知山市大江町など礫岩層の中のものが報告され、その成因が語られている。くいちがい石は甲賀市土山町に分布する約１７００万年前にできた地層の鮎河層群のなかにもあった。くいちがい石は筆者が仲間とともに化石採集中、マガキが含まれる唐戸《からと》川礫層の中に発見した。林道工事が行われていた昭和60年（１９８５）、円礫を含む礫岩の地層が重機で削られた表面に数多く出ていた。横から力を受けてずれ、礫岩の剪断《せんだん》面にくいちがいを生じているもの、剪断破断されもの、ずれたまま固まったものなどが見つかっている。その成因は、各地の発見から礫岩層では普遍的に起こりやすい現象であると考えられ、堆積岩の成立に起因して、堆積物の粒の大きさなどによる収縮率の違いによると考えられている。

益富壽之助（１９０１～１９９３）は、薬学博士・鉱物学者で、京都御所近くに薬局を開きながら、「日本鉱物趣味の会」「京都地学会」を創設、石・地学の研究に没頭した。日本はもとより世界の岩石・鉱物・化石など、地学に関わる莫大な標本と書籍を収集し、それらを公益法人益富地学会館の設立によって、後世に引き継いで亡くなった。先に紹介した著書では、「人間は美しいものに惹《ひ》かれる性質がある。なんだか分からない不思議なものに好奇の眼をむける」と述べ、「何の関心もなかったものが、「奇石」に出会うと、関心から愛好家に引っ張り込まれる不思議な「奇石の徳」をもっている」と説いた岡本要八郎（1876〜1960）の言葉から、『石昭和雲根志』を編纂したと書いている。奇石に魅せられるルーツは、江戸時代の『雲根志』に記述された「奇石」で、それがそのまま発刊当時の昭和時代にも通じるものがあるとした考え方から書名を『石　昭和雲根志』として「石を楽しみ、石を学ぶ」本であると言っている。

私は、先に紹介した土山町のくいちがい石の発見について、益富博士に知らせ、現場を見てほしいと考えていたが、当時の私は、転勤で滋賀県を離れており、その内に亡くなられたとの訃報《ふほう》に接した。深い悲しみと、ことのほか思い出に残る石として記録にとどめた。

くいちがい石

3 古城山の菫青石 ―マグマで再び結晶した石― [甲賀市]

甲賀市水口《みなくち》町の古城山《こじょうやま》（282m）は名前のとおり、城があった山である。その城は、豊臣秀吉の時代、水口岡山城とよばれていた。秀吉の家臣中村一氏《かずうじ》が大岡山《おおおかやま》（古城山）に城を築いたと伝えられている。その後、関ヶ原の戦で城主・長束正家《なつかまさいえ》は、西軍に同調したことにより廃城になって、家康の時代に現在の市街地に新たに水口城が築城され、水口は城下町とともに宿場町として発展してきた。

古城山は、市民の憩いの場であるが、甲賀市の天然記念物に指定されている菫青石《きんせいせき》とよばれる石があることは、市民にもあまり知られていない。古城山の菫青石は、佐藤伝蔵（1870～1928）によって『地学雑誌』（1924）に発表された。その一文は、「近江の国甲賀郡水口町に城山あり、水口の平野より突起する一つの残丘にして平野よりの高距《こうきょ》（海抜）約百米に達す。山の東半分は黒雲母《くろうんも》花崗岩よりなり、西半分は古生代の粘板岩よりなる。この黒雲母花崗岩は、粘板岩に著しき接触変質を与え、粘板岩中に多数の菫青石を生せり」と書かれ、「丹波の桜天神、若狭の鳥浜、下野《しもつけ》の渡良瀬《わたらせ》川等より出ずるものと異なることなし」とある。成因については、近年刊行された『甲賀市史』（1998）に模式図（78ページ参照）がある。後述する真黒《まぐろ》石（第5章―16）と同じように、花崗岩になる前の高温のマグマが地下深いところから上がってくることで、もとの地盤であった粘板岩が高温のために変成し、雲母ホルンフェルスという硬くて重い岩石になり、菫青石はその中にできる。結晶は長さ2～3㎝、径1㎝程度のほぼ六角形の柱状をしている。佐藤が記述した日本の菫青石の産地と遜色《そんしょく》ないとのことで、市の天然記念物に指定されたと思われる。

菫青石の産地として他に有名な場所として京都亀岡市地域があり、そこに産するものは「丹波の桜天神・桜石」として益富壽之助が『石　昭和雲根志』（２００２）に記述している。この地のものは、木内石亭も採集に赴き、桜石について「予宝暦十一年（１７６１）八月十三日ここに到る。（中略）当社の境内山中残らず桜石なり。よって桜天神と号す。全体青色、砕く時は破《わ》れ肌に銀色にて、指頭の大いさなる花形石中にあり。また土中にあるもの軟らかなり。その山中すべて多し」と『雲根志 後編』（１７７９）に書いている。しかし、石亭は水口の菫青石について記述していないことから、この時代には知られていなかったと考えられる。滋賀県おける菫青石の産地は『記録に残しておきたい滋賀県の地形・地質』（２０１１）によると、ここ古城山と大津市の鹿跳《ししとび》橋付近のみであることからも大切に保護していかなければならない。

古城山遠景

菫青石の転石

古城山に立つ岡山城跡の石柱

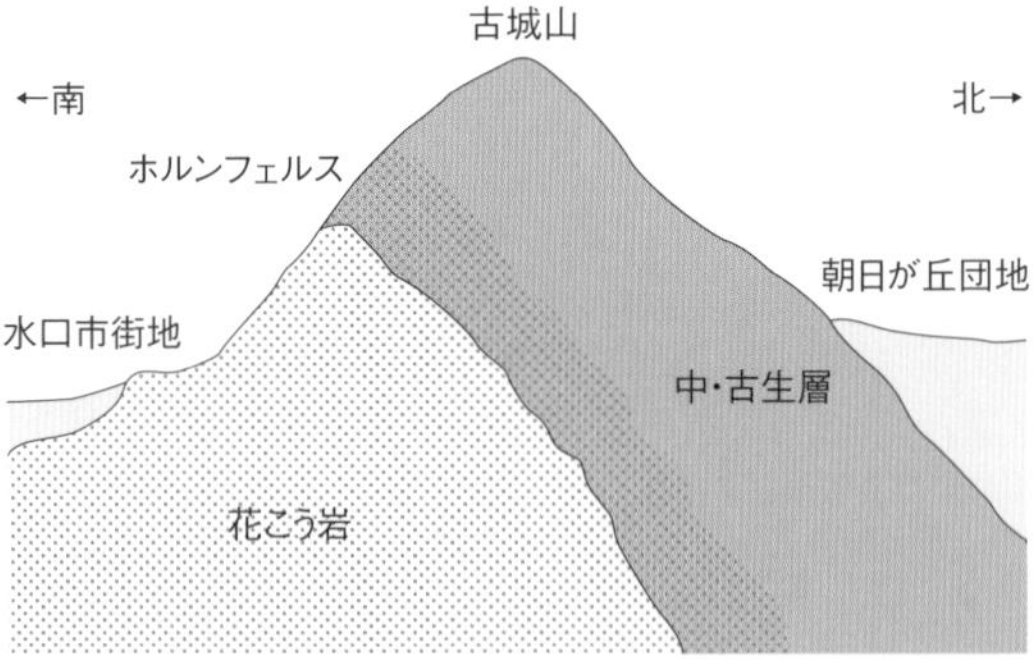

菫青石のできる模式図（『甲賀市史』掲載の図をもとに作成）

4 貝石・介石・蚌化石・貝化石 ――現在生息する貝の先祖たち――［甲賀市甲南町］

甲賀地域からは貝化石がよく採集されてきた。そのことは、木内石亭の『雲根志』にも書かれており、貝石として「甲賀郡稗谷村《ひえだに》（甲賀市甲南町稗谷）安楽寺山の岸に在、赤貝多し」、他に貝化石は沖村（甲賀市甲賀町隠岐《おき》）、介石は水口近所神保村《じんぼ》（甲賀市甲賀町神保）に産出したとある。

石亭が『雲根志』を著した頃、耕雲堂灌圃《こううんどうかんぽ》（生年不明）は、貝化石112品を掲載した画譜・『閑窓録《かんそうろく》』を編纂し、文化元年（1804）に刊行している。その『閑窓録』に収録されている図の4割あまりが、これを改題した『貝石画譜』（発刊年不明）と同じである。『貝石画譜』は、石亭が序文を書いており、収録されている化石には持ち主の名が書かれている。その中に「栗田御殿　江州貝石　色黄ニシテ鉄気ヲ帯」とある図（80ページ上）と「淡海甲賀谷神保村　蚌ノ化石　江州石亭」と書かれた図（80ページ下）がある。「蚌」の字は、辞書を引くと、がざみ（ワタリガニ）、根切り虫、カマキリを意味する漢字とあるので、誤字かもしれない。

貝化石のスケッチは、『日本産物志前編　近江上』（1873）にもあって、「蚌化石」と文字がそえられている（81ページ上）。「蚌」はカラスガイ、ドブガイ、ハマグリを意味する。説明は、「カヒセキ」「介化石」とあり、産地は甲賀郡稗谷村、安楽寺山、小佐次村《こさじ》の石山をあげている。稗谷村、小佐次村（甲賀市甲賀町小佐治）は、石亭が『雲根志』や『奇石産誌』（1794以前）に記述したものと同じ場所である。

「蚌」の字があてられる化石の二枚貝は、現在の琵琶湖の固有種として生息している、マルドブガイとよく似ていることから、同種であると考えられていた。しかし、近年の研究から、現在はいない種であるとされ、ムカシフクレドブガイと名づけられた。スケッチは線画で表現されているが、この貝の特徴がよく示されている。その特徴は、殻の表面に襞《ひだ》があって、ふくれた殻をもって湖底に棲《す》んでいたと考えられている。

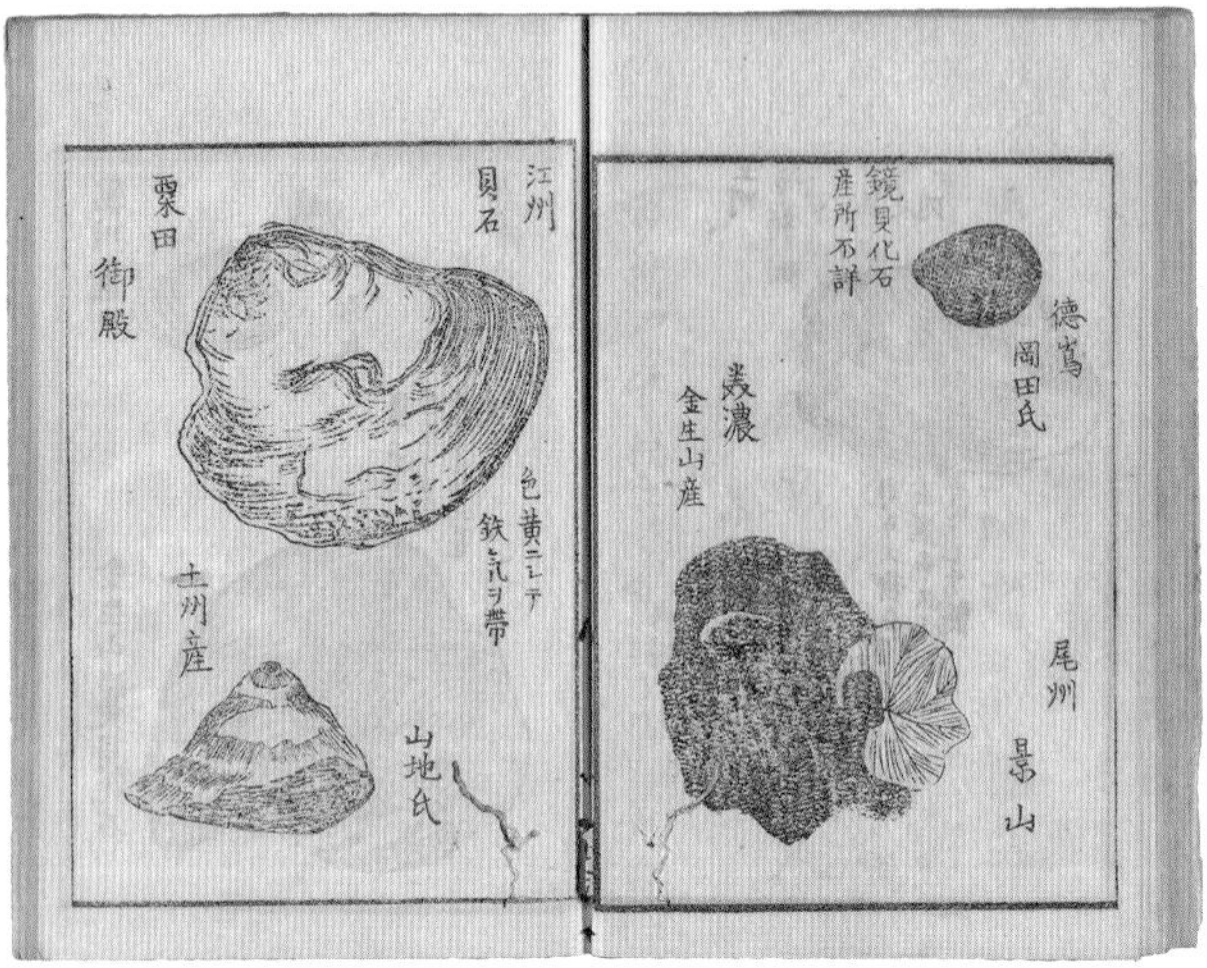

『閑窓録』貝石（国立国会図書館デジタルコレクションより）

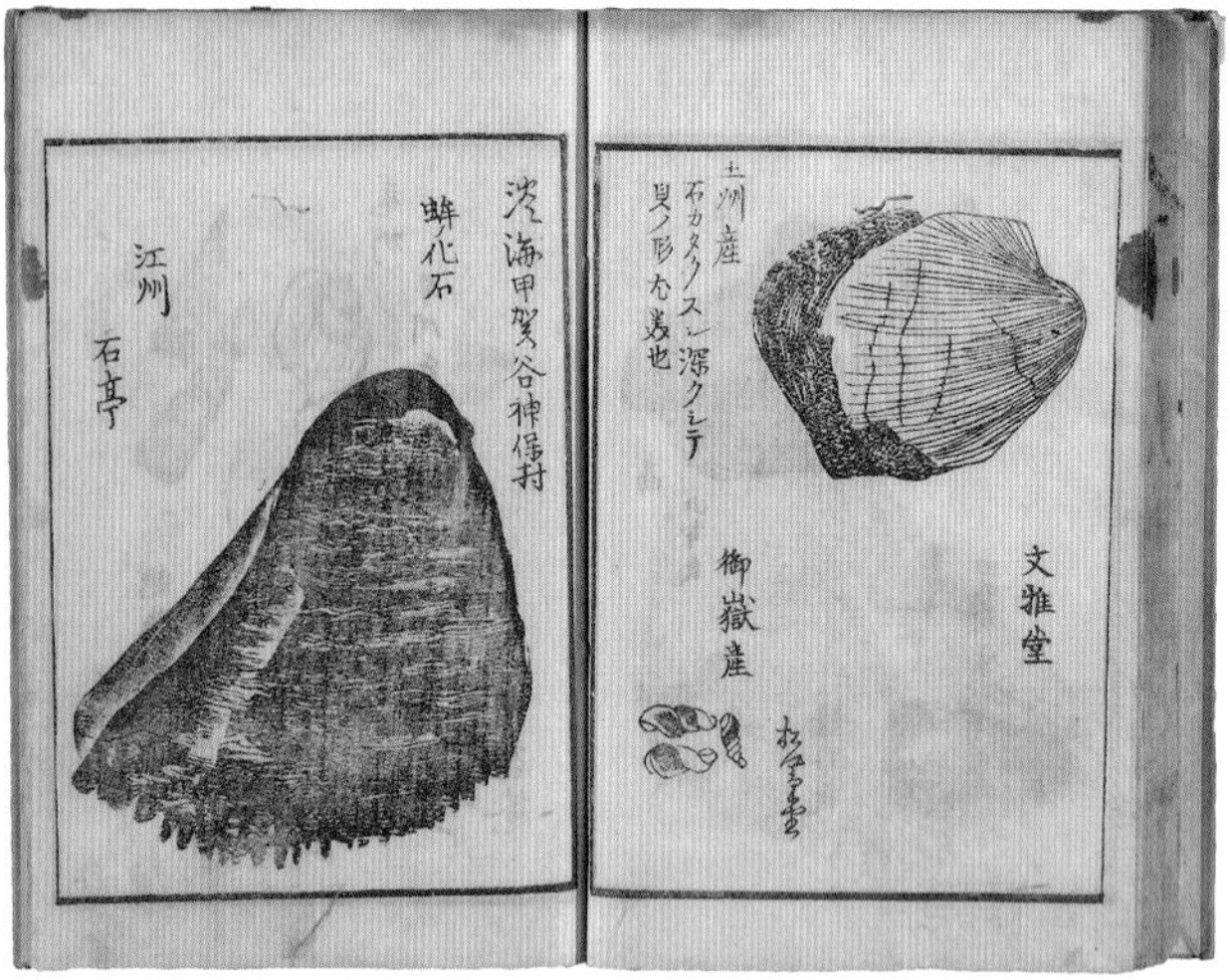

『貝石図譜』蚌ノ化石（国立国会図書館デジタルコレクションより）

ムカシフクレドブガイ

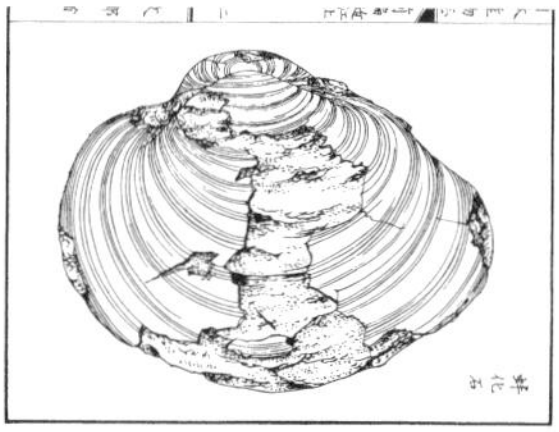

『日本産物志前編　近江上』蚌化石
（国立国会図書館デジタルコレクションより）

貝化石（いずれも甲賀市甲南町野田）

5 天神石 ―山村神社の占い石―

［甲賀市］

『雲根志 前編』（1773）は、「江州水口の駅の辺山《やま》村という所に天満天神の社ある。天神石という石があって、大きさは西瓜《すいか》のごとく円《まる》き石である。諸人はこの石の軽い重いをこころみて、祈願の吉凶を問う。願が成就には石が軽く、不成就には重い。重き時には一人してあげることができない。軽い時は、はなはだ軽い。伝によると天神筑紫よりもたらされた石である」と、山村天神の石を紹介している。

甲賀市水口町山《やま》にある山村天神（現、山村神社）は江戸時代より広く知られ、『伊勢参宮名所図会《ずえ》』（1797）、『近江名所図会』（1815）、『近江名跡案内記』（1891）などにも書かれている。神社への道標も数多くあることを考えると、参詣が絶えなかったと思われる。東海道から天神道への分岐点にある酒人口《さこうどぐち》（甲賀市水口町）道標は、折損《せっそん》して痛々しい姿であるが「従是山村天神道三十二丁、宝暦十二壬午三月□日の建立日」と寄進者の名が読み取れる。社伝では、菅原道真《すがわらのみちざね》が大宰府に配流されたとき、その子も京を追われ、この水口の地で、父道真のおとがめが解かれることを待ったことが、はじまりとされ、道真が亡くなった後、父の絵すがたをかかげ、1尺余りの丸い石を墓前に据えて日夜祈ったことから、その石が「天神石」とよばれるようになったとある。

天神石の大きさは、『水口町志 下巻』（1977）によれば、「やや楕円形、長さ一尺六寸（48・5㎝）、幅は一尺二寸二分（36㎝）」という。宮守の話によれば、石は、占い作法の練習に用いられた花崗岩の石が、本殿のかたわらに数多く残され、元は野洲川の転石ではなかろうかとのことで、社殿横に奉納されている石は、実際に使われていた占い石であると伝えられている。

天神石の霊験は、遠い昔も今も変わらない。氏子はいうにおよばず遠近から家内安全、進学、新築、商売繁盛などなど、あらゆる願いを石に託す多くの参詣者がある。『近江輿地志略』（1734）には禰宜《ねぎ》に祈願を乞うとあるが、現在、神職は柏木《かしわぎ》神社（甲賀市水口町）と兼務している。実際の山村神社の宮守役は、山村神社を中心に、広く氏子の中から選ばれ、1年交代で務める習わしが続き、その宮守によって占い神事が行われている。

東海道酒人口の道標

「左 天神道」と刻まれた道標。水口歴史民俗資料館の敷地内に移動された

山村神社社殿

新道に建つ山村神社の鳥居

旧道の参詣道

社殿横に奉納された占い石

6 升石 ―野洲川の岩盤に彫られた取水量の目印―

［湖南市］

東海道は、JR草津線三雲《みくも》駅の東、伝芳山《でんぽうざん》の下から野洲川右岸の泉《いずみ》村（甲賀市水口町泉）へ渡っていた。江戸時代のはじめは、この辺りの野洲《やす》川を横田《よこた》川とよび、この川を越える「東海道十三渡し」の一つに数えられていた「横田の渡し」があった。この河原に升石《ますいし》とよばれる石があった。

江戸幕府の街道整備は、橋を造らず、道中奉行の支配により、渡し舟や渡し賃の制度が整えられていた。横田川渡しは3～9月の増水期は渡舟で、10～2月の渇水期は土橋通行であった。大田南畝《おおたなんぽ》（1749～1823）は、享和元年（1801）2月、公用で江戸を出て大坂へ行く道中記『改元紀行』を残している。それによると、3月8日、「いつみ（泉）の立場《たてば》をこえ、横田川を舟にてわたる。川原のけしきおもしろし、川のむかいは、みな山にして、大きな岩あり、題目かきし碑あり、此下に鱒（升）岩という岩あり」と記述がある。また、『東海道名所図会』には土橋がつくられた渇水期の渡しの情景が描かれ、河原に岩らしきものが描かれている。

この描かれた岩は、このあたりの山をつくる花崗岩の岩盤で、現在もこの渡し場跡あたりから横田橋の下までの川底にいくつか頭を出している。これらの中で最大の岩盤が升石と呼ばれる岩石で、上手右岸にあり、国道1号の横田橋上からよく見える。石亭は『雲根志 後編』（1779）に「升石」を取り上げて「ある人いう近江国横田川原に升石というものあり。形方にして自然と升のごとし。大いさ一合より一升一斗までありと。きわめて青石なり。予近辺といえども、いまだこれを求めず。石部の宿の人に問うにしらずと答ふ。ただし石部の宿の東田川村の入口に升石という大石あり。かたち方にして七八尺ばかり、これ石部村と岩根村と旱《ひでり》の時、田水を送る分水のしるしなり。故に升岩の名あり。おそらくはこれならん」と記述している。

升石の大きさは「高さ二十尺、長さ五十尺、幅二十八尺」（1尺＝33㎝）とあるが、現在はこれほど大きく露出していないようである。升石は野洲川右岸の岩根と朝国地域の用水の取水口として利用していた。岩の北側に深さ6尺、長さ12尺、幅3尺の掘り割りがつくられ、朝国井《ゆ》とし、南側に升形の穴が大小8個彫られ、岩根井につながっていた。この升形の穴は、取水量の目安とされ、田植え時、多くの水がいる時は、8個の穴すべてを満たす。通常の水田に使う水は何個の穴までというように決められていた。

時代は下るが幕府による天保の改革は、財政の根幹である年貢増の抜本策として検地を始めた。これに対抗する天保《てんぽう》13年（1842）10月の近江天保一揆は、三上《みかみ》村（現、野洲市三上）の庄屋や甲賀郡の各村の庄屋、農民が蜂起《ほうき》して升石がある川原を集合地として幕府に立ち向かい、多くの人の命を犠牲にする戦いとなった。この一揆の義民を顕彰する「天保義民之碑」は、升石が見える伝芳山の中腹にある。農民は米を養う水に苦労し年貢に苦しめられ命を落とした。横田渡しの川原の升石も農民の代弁者であった思いがする。

野洲川横田橋上流の川床の花崗岩の岩盤

岩盤にあけられた升穴

升石（横田橋上流にて）

升石近くにあった
升石の水量点を示す標柱

升石近くにかつてあった
朝国岩根井《ゆ》水路標柱

この写真2点は『ももづてのさと　岩根東区誌』（2006）、『甲西の民話』（1980）によって、行方を捜した。岩根東農業集落センターの玄関前の庭に保存されていた。

天保義民之碑

7 自然灰 ―灰になった大理石― [湖南市]

ＪＲ石部駅（湖南市）のすぐ裏には、通称「灰山」とよばれている山があり、山の姿は採石によって変わった。この灰山は、石灰岩でできている。ここの石灰岩は、この辺の花崗岩ができる時、高温のマグマの活動による熱の変成によって石灰岩の再結晶化が起こり、方解石でできた結晶質石灰岩（大理石）になっている。

露出した大理石は、風雨にさらされて風化が進み、灰白色の粉末で灰のようになる。その様子を『雲根志 前編』（１７７３）は、自然灰として「江州石部宿の駅西の入り口の山にあり、色白くやわらかくして塊をなす、刻めば白い粉となる。真の石灰のごとし、俗に金物をみがく、これにふのりを和して、かべぬるに石灰に異なることなし、滑石の類にして油気なし」と上手に表現している。灰山の石灰岩の利用は、寛政５年（１７９３）頃から膳所《ぜぜ》藩の関与のもとに肥料用の消石灰を製造し、江戸中期には30万貫（約１０００トン）、明治の終わり頃には、

灰山（2019年撮影）

約3700トンを産出していた。石灰製造の様子は明治5年（1872）オーストリアで開かれる万国博覧会に出品するため全国の物産調査が行われ、石部村から出された産物・石灰の製造として『滋賀県管下近江国六郡産物図説』に描かれている。

大正2年（1913）には石部で石灰株式会社が設立され、昭和30年代の終わりまで消石灰の生産は続いていた。高度成長期には住宅開発にともなって、石そのものの活用が多くなり、宅地の埋めたてや積石、庭石に利用され、そのなかでも、琵琶湖総合開発事業における渚《なぎさ》の積石（捨て石）に多くの灰山の石が利用された。

灰山の石灰岩は、石灰や石材以外にも興味深いものが産出する。石灰岩がマグマの熱で変成するときに、石灰岩の成分であるカルシウムを多く含んだ鉱物がつくられており、たとえば珪灰《けいかい》石や魚眼《ぎょがん》石などがある。そのようなでき方をした鉱物はスカルン鉱物（接触熱変成鉱物）とよばれている。この灰山の露頭は、今でも丹念に探せば珪灰石や孔雀《くじゃく》石、方解石などを見つけることができる。

珪灰石（白色部）を含んだ大理石

珪孔雀石

『滋賀県管下近江国六郡産物図説』「小割石計リ之図」「竈場製灰之図」
（滋賀県立図書館蔵）

②湖南地域

この章の湖南地域は栗東市から本書でしばしば引用した『雲根志』を著した木内石亭の終焉《しゅうえん》の地草津市まで向かう。

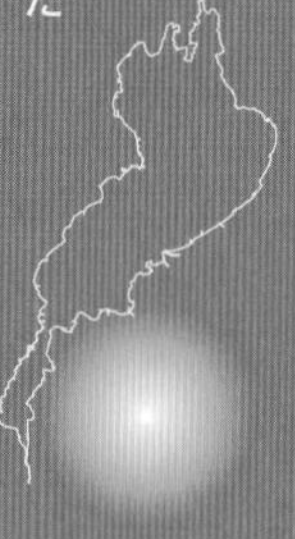

8 一指石（揺石・震巌）―旅人にも知られた指１本で動く巨岩―［栗東市］

東海道は栗東市目川《めかわ》の立場《たてば》茶屋を通り、草津宿に入るが、目川から南にはずれた山中にある金勝寺《こんしょうじ》は、寺伝によれば、東大寺を開山した良弁《ろうべん》（６８９～７７３）の開基と伝えられ、山中に三十六坊、近江の各地に二十五別院をもった一大聖地として栄え、金勝山大菩提寺として法《ほっ》相《そう》宗興福寺の仏教道場があった。現在、金勝寺へは東西にめぐる林道を使って門前まで車で行くことができるが、開基された当時の参道は、門前から南に下る道であったとされる。

室町時代中期にあたる寛正《かんしょう》元年（１４６０）に描いたものを寛文８年（１６６８）に模写し、それをさらに天明３年（１７８８）に忠実に写したという「興福寺別院金勝寺図略」（金勝寺蔵）には、多くの伽藍《がらん》や僧坊が立ち並ぶ光景が描かれている。その画の中ほど右寄りには、南から上る参道の中央に、「動石」という文字をそえた巨石がある。この「金勝寺図略」は、中世の作と称する偽絵図を数多く作成した椿井権之輔《つばいごんのすけ》（１７７０～１８３７）の作の写しと考えられ、描かれている光景をそのまま信用することはできない。ただし、江戸時代中期における現地のようすを詳細に調べた形跡もあり、「動石」のことをさすらしい巨石が他の文献にも登場する。

『雲根志 後編』（１７７９）は、「一指石」について「当寺（金勝寺）二《（仁）》王門の前通りより一町ばかり南山間の平地に六、七尺（180〜240㎝）六面なる円《まる》き石あり。その南西の方より指一本にてゆすればすなわち動く。久しくゆすれば次第に動くことはなはだし。また数人力をもってこれをゆすれば、一向《まったく》動揺せず。よって一指石という」と書いている。『近江輿地志略』（1734）は、同じ石を「揺石《ゆるぎ》」として、「金勝山《こんぜやま》内藪の内にあり。この石、三の隅をもって動かせども少しも動かず、纔《わずか》に一隅を動かす時はゆるぐ故、揺岩といふ。この石、俗には甚《はなは》だ不思議である」とある。さらに、『東海道名所図会』（1797）には「金勝山震巌《ゆるぎいわ》」と題がつけられ、丸い岩石が描かれ数人の旅人が見入っている。「金勝山の震巌は、数十人の力をもって動かせども更に動かず。身を浄めて僅かに指頭《ゆびさき》をもって押せば忽《たちま》ち震《ゆる》ぎ動くなり」と説明に続き、「ある人のいわく、これ神物なり」とある。さらに歌川広重が描いた東海道五十三次の絵図の中に「石部宿」の人物絵図がある。石部宿から多くの旅人が金勝寺を訪ね、大きな石を一指で動くさまを物珍しくいぶかりながら見物する様子を描いたものである。

動石・一指石・揺石・震巌などさまざまによばれた石は、金勝寺の山門前を横断した林道から南側の旧参道を少し下ると、清水がちょろちょろ流れる溝の傍にある（92ページ概略図参照）。高さ1・5m余りの円形をしており、岩石の種類としては花崗岩の石である。石は全体がすっぽり苔むし、案内板がなければ見落とす。往時の図会などとは似ても似つかない姿で鎮座している。

江戸時代後期にあたる18世紀半ば、参道に鎮座した巨石は、絵図に描かれ、地誌に記述され、人々の心を動かす石で、往時の金勝寺の賑《にぎ》わいを知る石であった。旅先で奇岩や奇石に魅せられ感じ入る姿は、現代の人々も江戸時代の人々もかわらないのではなかろうか。

金勝寺仁王門

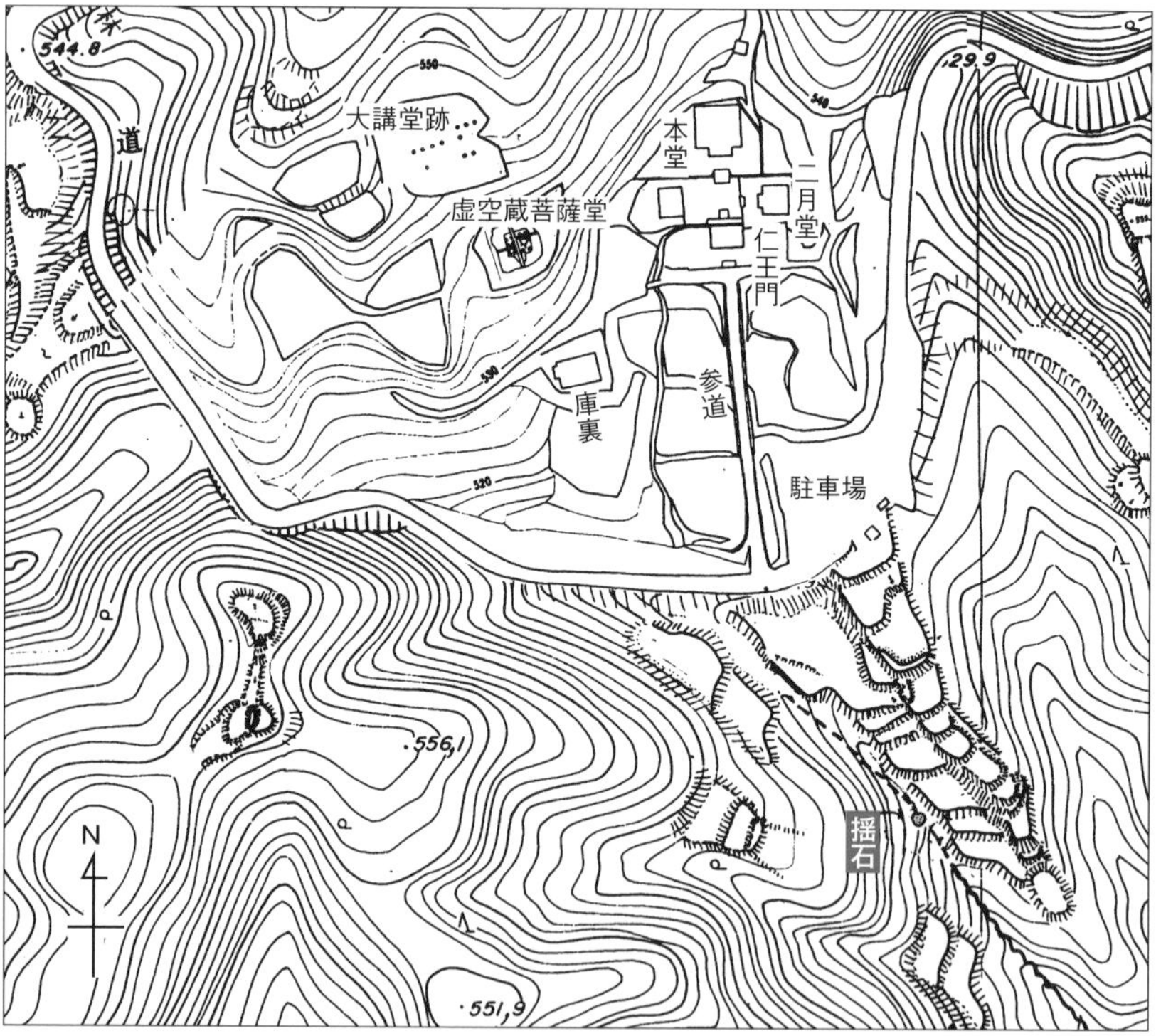

金勝寺境内概略図

（栗東市文化体育振興事業団編『忘れられた霊場をさぐる　―栗東・湖南の山寺復元の試み―　報告集』掲載の図版をトリミングし、加筆・彩色）

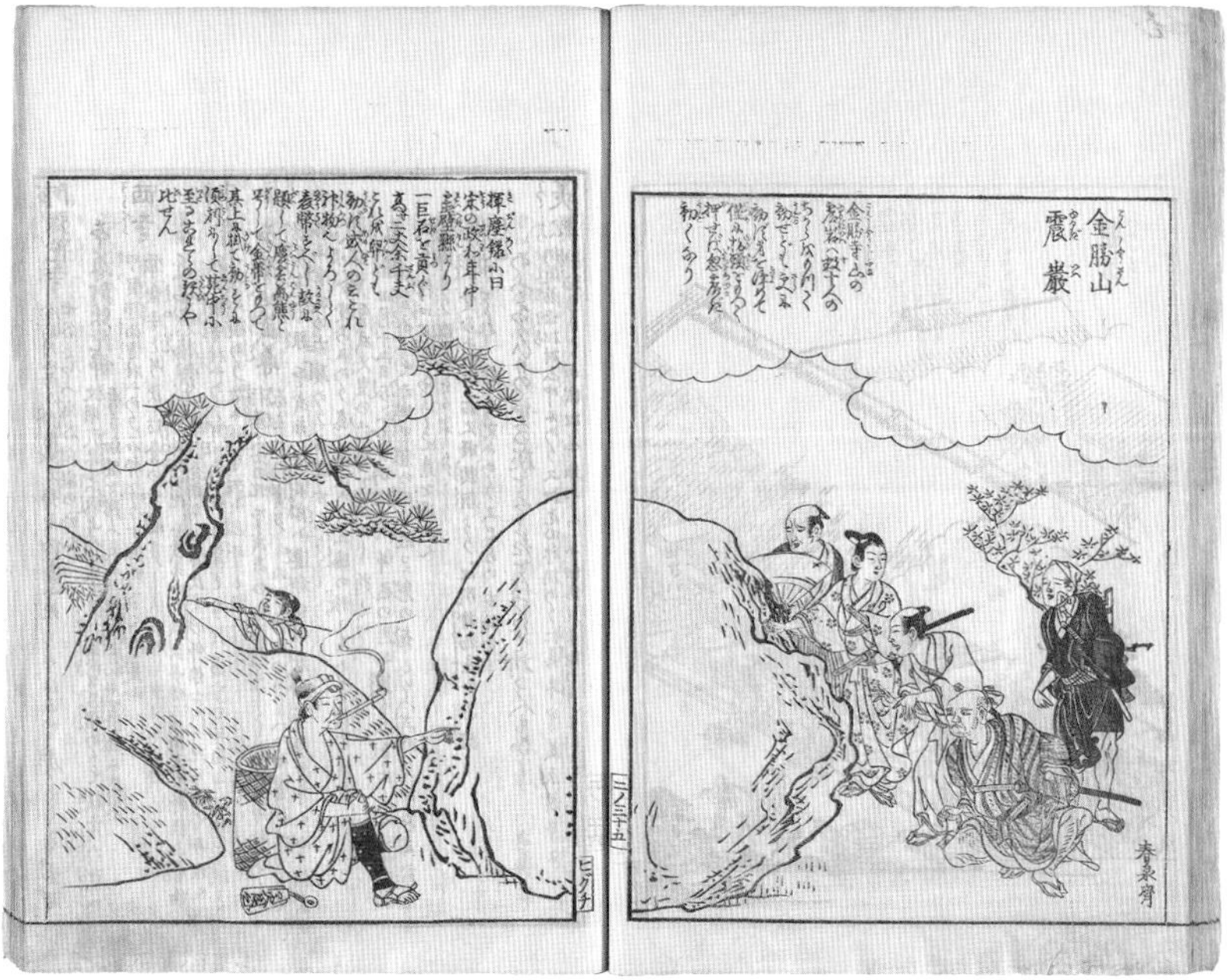

『東海道名所図会』金勝山震巌

（国立国会図書館デジタルコレクションより）

「東海道五十三次図絵」石部　金勝山震岩

（国立国会図書館デジタルコレクションより）

苔むす揺石（一指石）

9 石卵 ―花崗岩の風化によってできた奇岩怪石―

［栗東市］

東海道より南方にある湖南アルプスとよばれる山々の一つ、金勝山《こんぜやま》をめぐるハイキングコースは、麓の片山集落からのコース、金勝寺《こんしょうじ》の山門前を通り北西にのびる林道から続くコース、大津市上田上桐生町《かみたなかみきりゅう》から登るコースなどいくつかある。登山道はどのコースをたどっても、この地域の岩盤である花崗岩が風化した砂状のざらざらした道である。

金勝《こんぜ》・田上《たなかみ》一帯は、千数百年前はヒノキ、スギなどが繁茂する一大美林の山であったといわれている。全山荒廃し風化が進んだ原因は、飛鳥、奈良、平安時代と続いた宮殿造営、仏教文化の繁栄にともなう寺院、さらに神社など建立のために多量の樹木が伐採されたと伝えられている。樹木が伐採された山肌は、風雨にさらされると、ぼろぼろと崩れ、雨が降るたびに侵食が進み、土石が流失し、荒廃した山になった。金勝地域を源にしている旧草津川や金勝川《こんぜがわ》は、流出した多量の土砂によって天井川となり、荒廃した山の証拠を残している。

金勝山を構成する花崗岩は、玉葱状《たまねぎじょう》風化と呼ばれる風化がよく進み、同心円状にタマネギの皮をむくように芯の硬い岩石を残し、周りの部分の風化が進む。ハイキングコースを歩くと、いたるところにこうした岩の風景を見かける。石亭は、玉葱状風化の芯にあたる球状に見える岩石を、「石卵　金勝山」と『奇石産誌』（寛政6年〈1786〉以前）に記述している。奇岩怪石に見立てられた岩は、周りが風化して丸くなった岩どうしが不安定な姿に重なった重岩《かさねいわ》や耳岩、天狗岩などと名づけられ、大きくそびえ立っている。今なお風化の進む天狗岩には、風

花崗岩の巨岩・奇岩が露出した湖南アルプス

や雨によって爪でかき削られたような風紋が見られる。

石の外側が皮をはいだような皿状になった石は、彦根の龍潭寺《りょうたんじ》の「ふだらくの庭」とよばれる観音菩薩が住む山を表した枯山水《かれさんすい》の庭石のようなものに使われ、観音浄土へ渡る舟に見たてられている。また、侘《わ》び・寂《さ》びを求めた盆景を創りだす山野草の植栽用の鉢などにも利用して楽しんでいる人もある。

天井川とよばれた旧草津川（草津市）
JR琵琶湖線が下を通っている

耳岩

重岩

耳岩の風紋

タマネギ状風化の石を使った龍潭寺の枯山水の庭（彦根市）

10 砥石 ―地名にもなった研磨用岩石― 　［栗東市］

栗東市には上砥山《かみとやま》・下戸山《しもとやま》という地名がある。この「砥山」の地名は昔、砥石《といし》の産地であったことから名づけられたと考えられる。『近江栗太郡志』（１９２６）の砥石山の紹介には、「砥石山は金勝村大字上砥山の北に在《あ》り、高さ三十九丈、周囲一里一二町五十九間、古《いにし》へ砥石を多く掘出たことにより砥山と称す。村の名亦《また》此の山名に因《よ》りて起る」とある。また、『近江栗太郡志』は『雲根志』巻之二の「砥石」の条を引用して、そこから採れた砥石が砥山砥石とよばれ、良質の砥石で、江戸時代は声価がかなり高かったが、現在は産出がないと記述している。また、石亭は『奇石産誌』（寛政年間１７８９～１８０１）に各地の奇石を列記するなかに近江の砥石について、「青砥ハ石部仙人谷　梨目砥《なしめと》ハ戸山　荒砥ハ田上荒砥大明神」と記述している。

研磨は、砥石の石の粗さによって仕上がり（切れ味）が変わる。この砥石の粒の粗さを粒度といい、粒度によって研磨された表面の状態が決まる。つまり精度を決める大きな要素となる。砥石の粒度は、仕上げ用砥石は３０００番～、中砥石は８００～２０００番、荒砥石は１２０～６００番ぐらいと、大雑把に分けられる。サンドペーパーの粒度も同じ数字で、数字が大きくなるほど粒度は細かくなる。砥山砥石は、中砥石の粒度である。

石亭が記述した「梨目砥ハ戸山」は、果物のナシの肌のように、ぽつぽつと黒い芥子粒《けしつぶ》を散らしたように見える砥石である。この砥石に使われる岩石は、海底に砂がたまってできた砂岩に、地中の深い場所で高温のマグマの熱によって、組織が変えられてできた砂岩ホルンフェル

砥石山

梨目砥石（木村勇氏提供）

スとよばれる岩石である。組織が変えられて鉱物の雲母《うんも》が黒く粒状になって、ナシの肌のように見えることから名づけられたと考えられる。

ホルンフェルスは、獣の角のような緻密な硬い石という意味であるが、その硬い岩石が砥石に利用されるようになったのは、ちょうどよい粒度であった岩石が地表近くから風化が進み、硬さが長い年月を経て変わり、鎌や鍬《くわ》などの農具を研《と》ぐのによかったためと考えられる。

11 願行寺了観コレクション ―庫裏の解体工事で発見―

［草津市］

東海道の宿・草津は、草津宿本陣（国指定史跡）があって宿場町の面影が色濃く残っている町である。旧東海道を西に向かうと草津市矢倉《やぐら》（旧、栗太郡矢倉村）に入る。そのまま陸路を唐橋に向かう道、舟で大津へ渡る矢橋《やばせ》の渡し場への分岐点にある道標を横目にして少し西に行くと「石佛山願行寺《がんぎょうじ》」（浄土真宗大谷派）の山門がみえる。現住職は二十三世にあたり、市内に数多くある寺院の中でも古いお寺の一つに数えられている。

願行寺は、庫裏《くり》の解体工事が平成4年（1992）8月に行われていた。捨てられようとしていたガラクタの中から、何やら古めかしい箱に入った石や、土器がでてきた。檀家総代として、その解体に立ち会っていた西矢倉の古川正男氏（故人）は、「見るからに何か謂《いわ》れがあるものではないか」と直感的に思われ、工事を中断して、石のことなら木村一郎先生に見ていただくほかないといって相談に来られた。木村一郎先生は知る人ぞ知る石亭の研究家であって、滋賀県の地学（地質・岩石・鉱物・化石）を知り尽くされ、滋賀県の各地の小学校校長を歴任された方である。古川氏は木村先生に顛末《てんまつ》を話し、「とにかく見てほしい」とお願いされた。先生はその足で寺に出向くと、石はもとより文字の書かれた収納箱などを見て、直観的にこれらは大切なものだと判断され、散らばった石などを丁寧に拾い集められた。

収集品の整理は、筆者も手伝い、広い本堂にすべての収集品を並べ、分類、記録、写真撮影を進めた。そのうちに、「寛政三亥四月廿六日　石亭主人 恵」と墨書された、拳《こぶし》を重ね合わ

「石亭主人恵」と墨書された青瑪瑙（願行寺蔵）

せたぐらいの大きさの青い玉髄《ぎょくずい》が見つかった。先生は、「蒐集《しゅうしゅう》遺品は只物ではない」と筆者に告げ、はやる心を静め、調査を進められた。先生は、石に石亭の名が記されていた感動と、新しい発見のときめきを覚えたという。先生と筆者は、それらの石の持ち主を文献などから調べていくうちに、願行寺十五代住職を務めた伊庭了観《いばりょうかん》のものであったことがわかり、500点余りの石などの遺品は江戸後期のものであったことを明らかにした。

了観は、石亭と西遊寺《さいゆうじ》（草津市木川町《きのかわ》）住職・高木鳳嶺《ほうれい》と深いつながりのある弄石家《ろうせき》の一人であった。石亭は、自らの古希の祝いの席への案内状を西遊寺高木鳳嶺宛に出しており、末尾で「願行聖人（＝了観）もご同伴いただけると一層喜ばしい」と書いているので、以下に掲載しておく。

今日拙老誕生日御座候故、嘉蔵方ニ而（テ）古希賀筵《がえん》相勤、昼時ニ麺類共麁飯《そはん》振舞申候。寒気厳敷《きびしき》時分御苦労ニ奉存へ共、昼過嘉蔵方へ御光駕被成下《なりさがり》候ハバ万々忝《かたじけなく》奉存候。八時ニ茶漬進上申ゲ度候。諸方より到来之餝石《かざりいし》共并《ならびに》屏風を掛御目申度候。（中略）矢倉へも御便り有之候ハバ、願行聖人御同伴被下候ハバ以猶《もってなお》大慶奉存候

石亭は「弄石の社を結んですでに数百人」と自らが記述し、近江の弄石の友の名前も『雲根志』には記述され、多くの仲間と交流していたことがわかるが、わずか数キロ範囲で深い交流ができた弄石家は、この二人の住職のみであったと推察される。

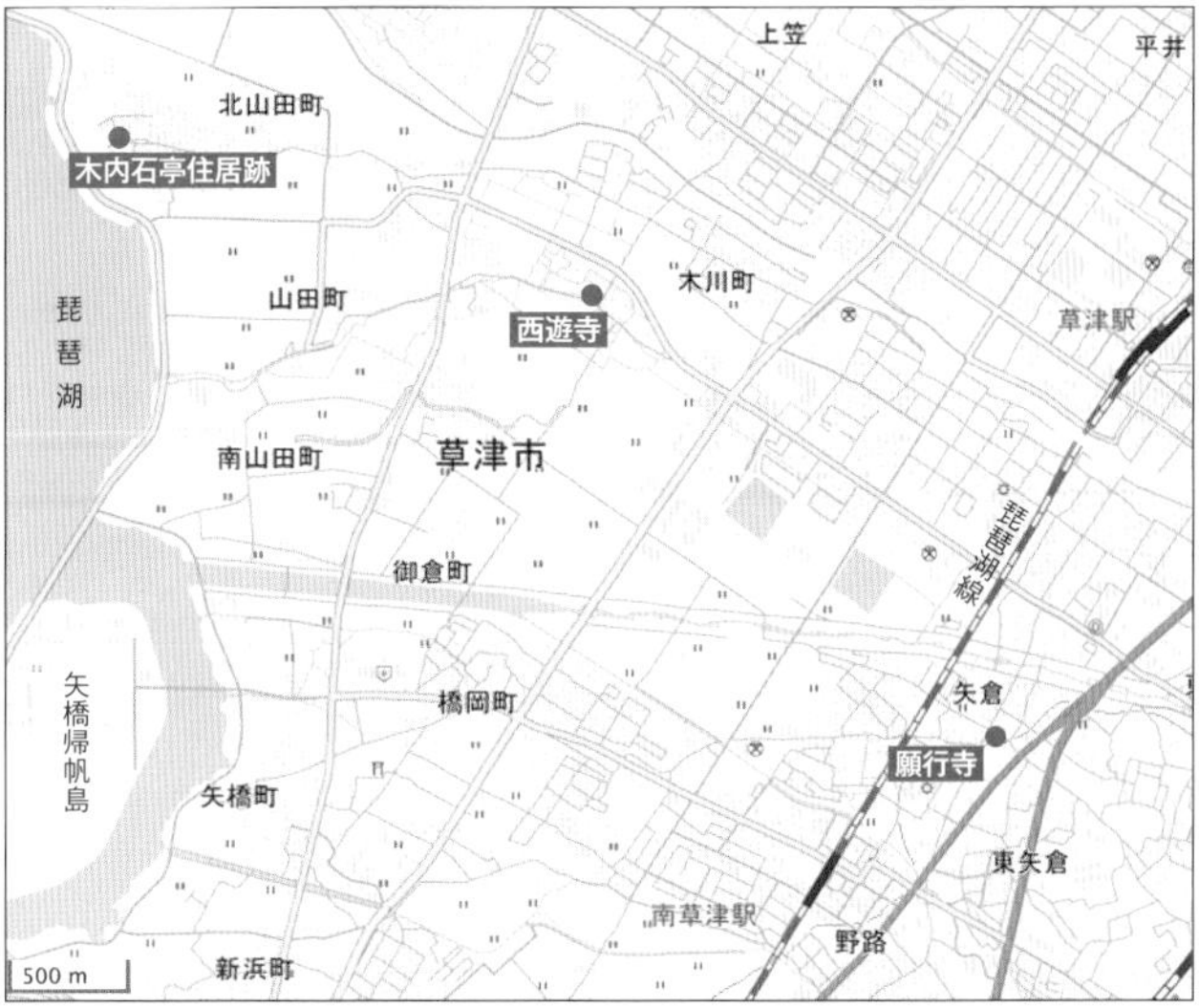

弄石の友３人の位置関係図　国土地理院サイト地図を用い、記号と文字を追加

石亭屋敷跡の碑

西遊寺山門

願行寺山門

願行寺本堂で調査する木村一郎先生

願行寺了観コレクション
草津市教育委員会刊行『木内石亭（西遊寺鳳嶺・願行寺了観）関係資料調査報告書』より転載

12 活人石　―栗の木の化石と考えられた街道名物―　［草津市］

草津市は、かつて栗太郡《くりた》に属していた。その郡名は「栗に由来し、栗樹多き故ならん」と『近江栗太郡志』（1925）にある。そのクリの木にまつわる由来をもつ石が、活人石《かうじんせき》である。『東海道名所図会』（1797）において、近江草津は、「青花」、「うばがもちや」など含めて九つの話題が紹介されている。その内、石にまつわるものは、「石亭の遺品」と「活人石」である。

「活人石」の図の説明には「琉球 人草津駅に泊し駒井氏の活人石を観る」とある。その本文は、「駅中駒井《こまい》氏の家にあり。高さ二尺余、幅一尺五寸、中にして幅少し広し、色は海松茶《みる》（暗緑色の茶）のごとし。近隣の塀屋《へいおく》の庭にありしを近き年これを得たり。ある人いわく、この石、栗の化石ならん『風土記』に上古栗の大樹あり。栗太の郡名《ぐんみょう》是より出ずる。今に土中より木葉《このは》の朽《く》ちたるごときの物出ずる。これをスクモという」と書かれ、江戸後期の公家である中山愛親《なるちか》（1741～1814）が草津宿を通り、駒井家の座敷の床の間に飾られている栗の木の化石の鑑定を依頼され、その時の鑑定記録である「化石の譜」を紹介している。「化石の譜」は、栗の木の化石であるとして来歴や形態を述べ、栗木の化石と伝えられる石は人の目を悦ばせ、心にかない、その心にそむくことはないため、永世宝物として人々を生き生きさせる「活人石」と名づけられたとある。

さて、その活人石は、草津宿からはなくなっている。『東海道名所図会』に描かれ、もともと駒井家の床にあったものが『湖国百選 石・岩』（1991）が出版された時には、旧東海道の立木《たちき》神社の本殿前にあった。しかし、いつ頃かわからないが、持ち主と神社の間で事情があったようで、数キロ離れた草津市追分《おいわけ》町の某酒屋の表玄関に当時を偲ばせるかのように置かれていた。石は縞《しま》模様が見られることから、片麻岩《へんまがん》と考えられる。片麻岩は、庭石などに用いられるが、中央構造線などに見られる石で、滋賀県には産出がないことから滋賀県の岩石ではなく、紀州か伊勢から持ち込まれたのかもしれない。また、栗の木の化石に結びつけられた謎ときはできない。

活人石

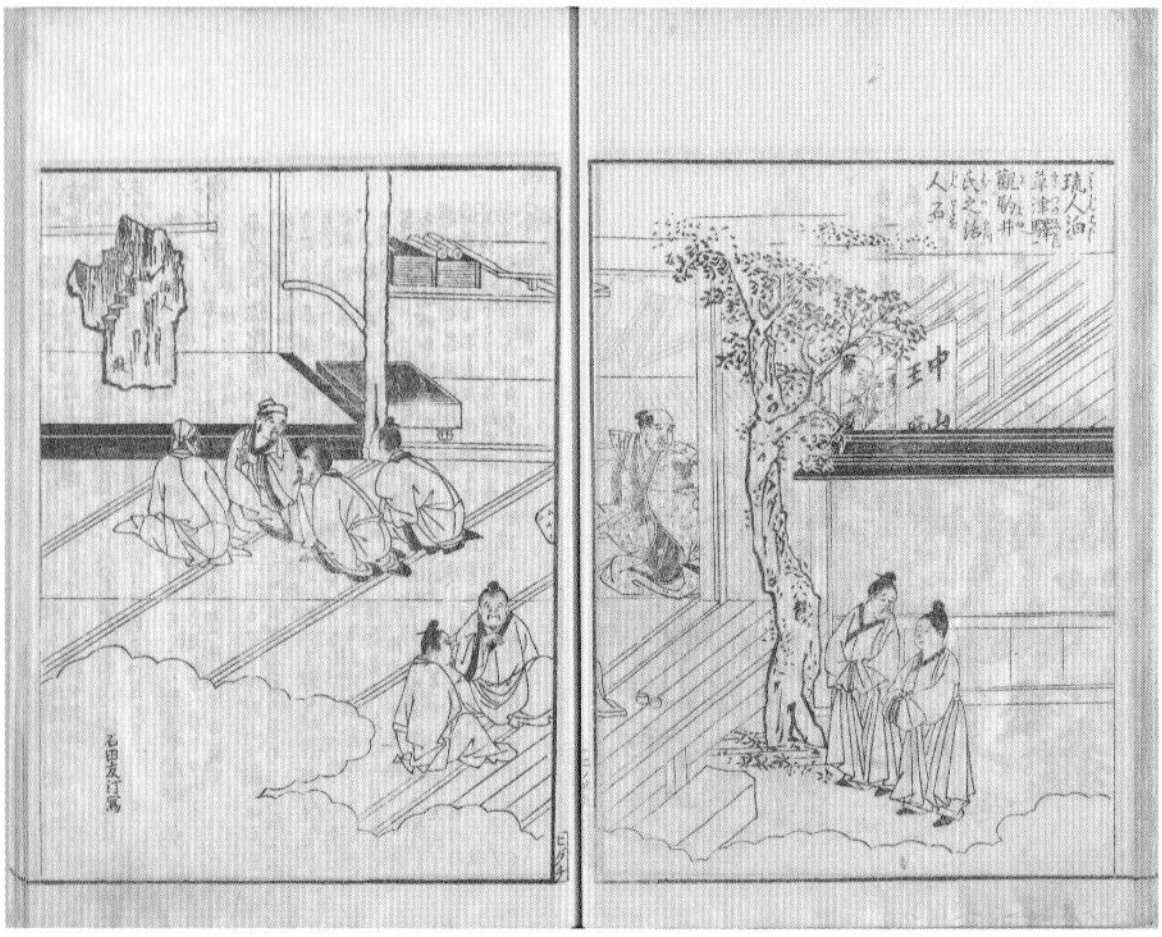

『東海道名所図会』に描かれた草津で活人石を鑑賞する琉球使節
（国立国会図書館デジタルコレクションより）

13 木内石亭コレクション ―惜しくもほとんどは散逸―

［草津市］

日本人の旅行好きは、徳川幕府が成立し世情が平穏になり街道が整備されていく江戸時代に始まったのではないかと思う。旅行案内書ともいえる『東海道名所図会』は、寛政9年（1797）に出版された本で、そこに紹介されている近江草津の案内は、野路《のじ》の玉川、矢橋渡《やばせわたし》口場、東海道と中山道の草津追分などとともに、存命中の人物・木内石亭《きのうちせきてい》が取り上げられている。「石亭」の項には収集した奇石が描かれ、石亭は「時の人」であった。

その案内文は、「栗太郡山田に在り。矢橋より二十町ばかり北、草津駅札場より三十町ばかり西なり。山田渡口《とこう》の村中、木内小繁《こはん》として家久しき村翁あり。この人生得《しょうとく》若年より和漢の名石を好んで年歳《ねんせい》諸国より聚《あつ》め、これを翫《もてあそ》ぶこと数十年に逮《およ》べり。住居の軒端《のきば》風流にして、庭に松桜を樹え、いさゝめなる書院に石談よりほか雑話を禁ず。（中略）石は神代の勾瓊《まがたま》をはじめ、わが国諸州の産、人の国の産、奇石・化石・天狗《てんぐ》の爪・水入り紫水晶まで、あるいは台に錺《かざ》り、または小筥《こばこ》に入れて錦を敷いて塗籠《ぬりごめ》に家蔵すること、すべて二千余石ありとぞ。（中略）海内《かいだい》その名高く、四方好事《こうず》の輩《ともがら》、貴となく賤となくここに駕《が》を枉《ま》げて数の石を見ること多し。予も巡行の序《ついで》に立ち寄りて、石を観る人の員《かず》に入れぬ。（中略）和漢の名石あまたにして、筆《ひっ》墨《ぼく》に尽くし難くし。故に見るところの二三をここに図するのみ」と記述して、図が描かれている。この著者は、おそらく石亭の書院を訪ねたのであろう。ここにある記述は、奇石怪石などが台座の上に飾られ、数段重ねられた箱に収納され石、小箱に整理されている数々の石をつぶさに見ないと書けないものである。当時の弄石《ろうせき》家の収集や保管の状況がわかる記述である。

　石亭は、還暦を迎えたころ重病を患い、こまごまと遺言状を息子に宛てて書いているなかに「死後、心に残るのは（気がかりなのは）石なり」と書き残し、文化5年（１８０８）死去した。収集した石は、散逸《さんいつ》してしまった。石亭自ら「二十一種珍蔵」と書き留め、宝物にしていたコレクションは、日本鉱物学の先駆者である和田維四郎《つなしろう》（１８５６〜１９２０）が子孫より譲り受けた。和田の著書『日本鉱物誌』（１９０４）には、『雲根志』に記述された21品種とは異なる名称のものが9品種あるが、それらの石が列挙されている。その後、和田コレクションは生野《いくの》銀山（兵庫県朝来《あさご》市）の「生野鉱物館」（三菱ミネラルコレクション）に引き継がれ展示されていたが、近年展示替えが行われ収蔵庫に戻されているようである。

　また、石亭の遺品は、石亭死後１３０年を経た昭和13年（１９３８）2月に郷土史家中川泉《せん》三《ぞう》によって発見されたと報じている新聞がある。「大阪朝日新聞滋賀版」の昭和13年2月16日の記事によると、中川泉三が『石之長者木内石亭全集』を昭和12年12月に発行したことが奇縁で、蒲生郡馬淵《まぶち》村（現、近江八幡市）妙感寺から石亭遺愛の石を持っているとの知らせがあった。その遺品は長浜町（現、長浜市）の下郷《しものごう》共済会が買い取り、滋賀女子師範学校教諭であった橋本忠太郎（１９０６〜１９６０）が鑑定整理にあたって、同会の私設博物館である鍾秀館《しょうしゅうかん》に収蔵されたと報じている。その遺品の石の数は、『雲根志』には「二千余種」と記されているが、橋本の談話として、３００種余りの鑑定をしたが、石亭が『雲根志』などに記述し、珍重していたと考えられるものは少なかったと書かれている。その他の多くの遺品は、どこかに眠っているのか、すでに土にかえっているものもあるのではと思われる。貴重なコレクションは、散逸させないように、後世に引き継がれていく道を考えたいものである。

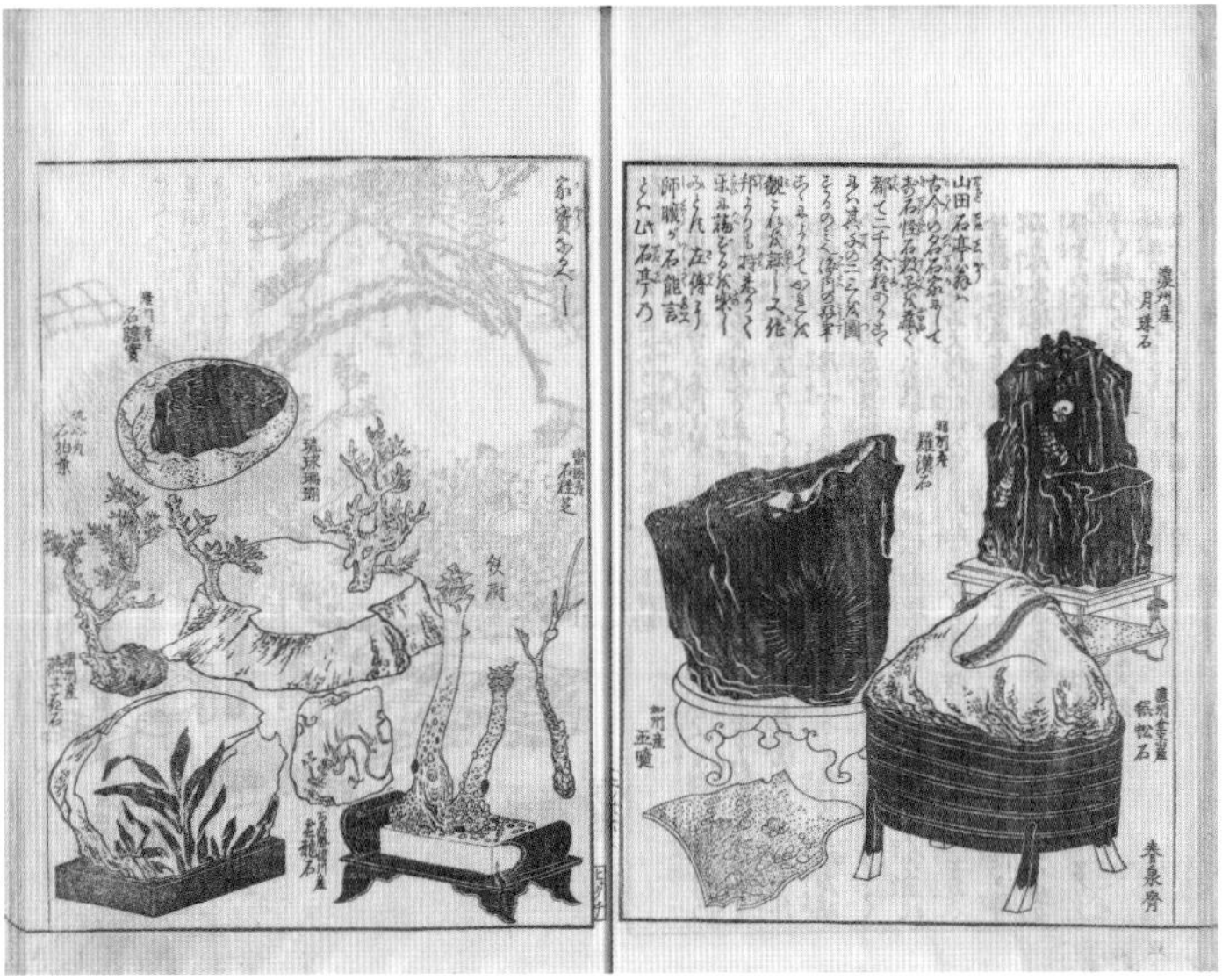

『東海道名所図会』に描かれた石亭のコレクション
（国立国会図書館デジタルコレクションより）

（第三種郵便物認可）　昭和十三年二月十六日（水曜日）

大阪朝日 滋賀版

大津市四宮町
大阪朝日新聞大津通信局
電三七 五九〇番
滋賀縣彦根市二番町
大阪朝日新聞彦根通信部
電五五七番
滋賀縣八日市町上ノ町長道
大阪朝日新聞八日市通信部
電二三〇番

滋賀　南の風後北東の風晴後曇
天氣はまた崩れる

〃石の人生〃の遺産
中川翁により奇石多數發見

石亭翁を偲ぶ
鍾秀館の奇獵

十一歳のときから八十五歳の高齢で死亡するまで石を集め石を研究することに暮らし、日本はおろか長崎をへてオランダ、支那にまで蒐集の手をのばし、雲根誌十八巻をはじめ石亭石譜、奇石産誌、百石圖、石亭千種録など數多くの書をあらはし日本における博物學、考古學研究の嚆矢としてその道の人は誰知らぬものない、徳川時代末期には石の長者として有名だつた滋賀縣栗太郡山田村の住人木内石亭翁の遺品の一部が翁の歿後百卅年を經た今日郷土史家中川泉三翁によつて大量に發見され、その道の人達の羨望の的となつてゐる

中川翁が苦心研究の末一昨年十二月「石之長者木内石亭全集」を發行したことが奇縁となり、石亭遺愛の石をもつてゐるといふことが蒲生郡馬淵村嚴島寺から翁のもとに知らされ、石に書きつけられた石亭翁の鑑識から翁の遺品であることが判明、昨年末長濱町下郷共濟會がこれを買ひとり鍾秀館に保管されるに至つたもので、十三日滋賀縣女子師範教諭橋本忠太郎氏が長濱におもむき鑑定整理を行つた『雲根誌』その他によれば石亭翁は二千餘種にのぼる奇石珍石をもつてゐたとのことであるが鍾秀館にをさめられたのはそのうちの三百餘種で、鑑定整理にあたつた

橋本教諭は語る

石亭翁は石に關したものは何でも集め、弄石家をもつて任じてゐたやうに思はれ、その蒐集のうちにも質的にみたもの、形が何かに似てゐるもの、たゞ形が面白いもの、海中にできる珊瑚類その他石器、化石など石に關したものは何でも集め、その研究も多岐にわたつてゐるため分るものだけ見せてもらつたが雲根誌などに照してみて石亭翁が珍重おくあたはずといつたものが少いやうに感じました、しかし翁の書物に出てくる石が實際にみられるのだから非常にうれしかつた、産地や石の名を書いてあるのは少部分で、いつどこで誰がとつてきたといふことが分らず標本的にみられぬは殘念でした、これも〃石亭石譜〃と丹念に照合すれば分ることでせう

奇石発見を報じた記事
（「大阪朝日新聞滋賀版」昭和13年2月16日）

③大津地域

本章大津地域は草津から大津へ向かう。東海道は渡し舟もあったが「急がば回れ」で瀬田唐橋から瀬田川沿いの石をめぐり、京へ上る逢坂山《おうさかやま》峠までの石の風物を紹介する。

14 石山寺の石 ―地名・寺名の由来となった珪灰石―

［大津市］

瀬田川を渡る橋は国道1号が幹線であるが、東海道は瀬田の唐橋を渡っていた。石山寺は唐橋をわたり瀬田川に沿って行けばその先に見えてくる。石山寺の開基は、奈良時代の高僧・良《ろう》弁僧都《べんそうず》（６８９〜７７３）と伝えられ、日本でも屈指の観音霊場で、西国三十三所巡礼の第十三番札所となっている。また、紫式部が『源氏物語』を書いたと伝えられる寺院である。『近江輿地志略』（１７３４）は、石山寺について「石山は膳所《ぜぜ》より一里南にあり、奇石多く、余《あま》（ほかの）山とは格別地である。」と記述し、「石は悉《ことごと》く（すべて）瑪瑙《めのう》である。石山寺の縁起（由来）に記してあるとおりである。青白の石が多く峙《そばだ》ち（高くそびえ）、誠に奇観なり。およそ石山は、石をもっての名である。石山寺はこの石山の上にある」とある。また、木内石亭は「近江国石山に出るものは白し」と、『近江輿地志略』と同じようにこれを瑪瑙であると書いている。

しかし、その石は瑪瑙ではなく、石灰岩がマグマによる高温により熱せられてできた大理石と珪素を含んだ珪灰石《けいかいせき》などの岩石である。この奇岩を取り囲むように国宝の多宝塔をはじめ本堂、観音堂、御影《みえい》堂などが建っている。この地の珪灰石は、大正11年（１９２２）国の天然記念物に指定された。また、ＮＰＯ法人地質情報整備活用機構が平成21年（２００９）に選定した日本地質百選では、滋賀県から唯一「石山寺珪灰石」が選ばれている。

木内石亭が記した『雲根志 後編』（1802）には、石山寺の紹介として、「足跡石 近江国石山寺、良弁僧都の足跡」、「馬蹄石《ばてい》は近江国石山寺子安堂の下」とある。足跡石とは、釈迦《しゃか》の足裏の形を刻んだ「仏足石」のことを意味しているようである。仏足石は、各地の寺院に見ることができ、単なる左右の足跡の形を彫ったものや、釈迦が諸国をめぐり、説法することが連なるという意味の、千輻輪《せんぷくりん》という仏の足の裏に車輪状の図が刻まれているものもある。仏像がつくられる以前からインドでは礼拝の対象とされ、中国をへて日本に伝わってきたものである。

このように、本来は足裏の形に彫ったものであるが、石亭のいう石山寺の「足跡石」や「馬蹄石」は、大理石の中にあった別の鉱物や岩石が、永い年月を経て風化してなくなり、人の足跡や馬の足跡状にくぼんだものである。『雲根志』にある「良弁僧都の足跡」は、石山寺が良弁によって開かれたことから名づけたものと考えられる。また、「馬蹄石」は字のごとく馬の足跡状の丸いくぼみをさしていると考えられるが、現在の境内にはそれらしきものを見つけることができず、どこにあるのかわからない。

広重「近江八景　石山秋月」（国立国会図書館デジタルコレクションより）

石山寺山門

石山寺の奇岩

長い年月を経て窪みができた石灰岩

長靴を重ねた足跡状の窪み（足跡石）

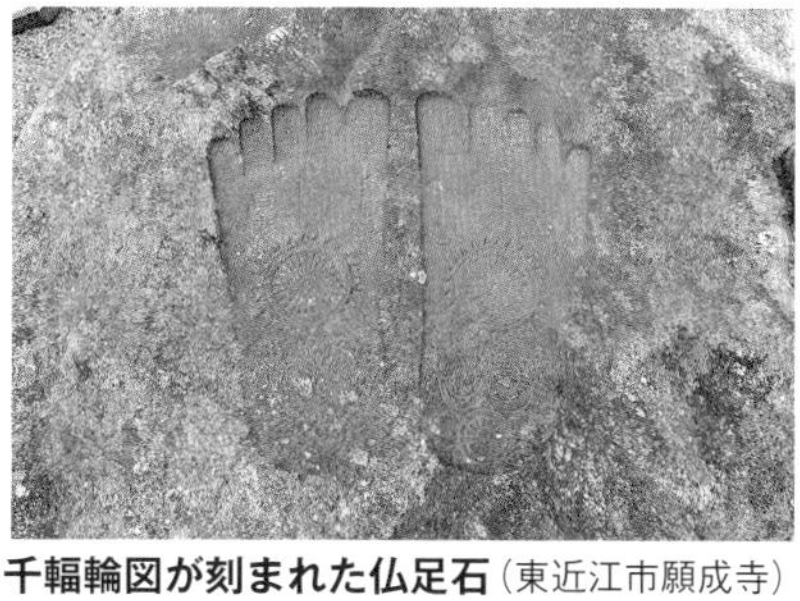

千輻輪図が刻まれた仏足石（東近江市願成寺）

15 猪飛石・甌穴 ―瀬田川の流水がつくった奇岩―　［大津市］

琵琶湖の湖水は、南端から瀬田川を通って大阪湾へと流れて行く。瀬田川は、琵琶湖から南の方向へ流れ、厄除けで知られる立木《たちき》観音（立木山安養寺）付近からその流れを西向きに変える。この付近は、堅い岩盤による狭窄部《きょうさくぶ》で、深い谷を形成している。この辺りの景勝地は「鹿跳《ししとび》」と称され、瀬田川を渡る橋の名にもなっている。立木観音の創建僧・弘法大師《こうぼうだいし》空海が川を渡れずにいたところを、白い鹿がきて弘法大師を背に乗せて川を飛び越えたとの伝説から、この名があるという。

この狭窄部は、琵琶湖の洪水の要因にもなるため、洪水に苦しむ沿岸域に生活する人々は、出口にある狭窄部の川浚《かわさら》えを訴え続けてきた。そのことは木内石亭の『雲根志 前編』（１７７３）「猪飛石《ししとびいし》」でも次のように述べられている。

　江州勢田《せた》の橋より一里下に獅子飛という所がある。この所川幅は二丁余、川中に一間に一つずつ水より上へ石が出ている。庭に飛石を据えつけたようである。向かいの岸よりこの石を伝って猪がわたる故に猪飛石の名がある。享保年中（１７１６～１７３６）に湖水が干水すると（琵琶）湖辺の九十九浦（港）より勢田川をさらえた。かの猪石をきりおとせば、大に水を引事也。ゆえに大勢人夫あつまって石を切り流し、あるいは大石の側を掘って土砂を流す。

狭隘《きょうあい》な谷は、激しく流れる水の力が荒れ狂いしぶきをあげ、岩にぶつかるので、凹凸状の河床ができ、無数の甌穴《おうけつ》や奇岩が露出している。甌穴は、河底や河岸の岩石の面上にできる円形の穴で、ポットホール、甕穴《かめあな》ともいわれる。その成因は、岩石の表面の割れ目などの弱い部分が、水流によって侵食され少しずつくぼみ、くぼみの中に砂や小石が入り、水の流れによって動く小石などで削られ、穴がしだいに大きくなったことによる。穴の中は水が渦巻き、小石が回転し、だんだん丸みを帯びた穴へと時間をかけて拡大していく。一方、河床は長い年月にわたって侵食され、甌穴のできていた所は、水面より高くなって甌穴が河床の地表にあらわれる。それらの穴の大きさは、数cmのものから1m余りに達したものもある。また、深さも姿もさまざまで、それらの甌穴の底には丸くなった小石や砂が入っている。

琵琶湖の水位がマイナス95cmに達した昭和60年（1985）1月、瀬田川の、放流制限によって鹿跳橋がある鹿跳渓谷付近は川底の甌穴まで現れ、砂や石をかき出していくと、底には磨かれたウズラの卵大の黄玉《こうぎょく》（トパーズ）がでてくる甌穴があった。黄玉はダイヤモンドについで硬い鉱物で11月の誕生石である。周辺の山である田上山《たなかみ》をつくる花崗岩には黄玉が含まれていることが知られており、花崗岩が水の力で流され、その中に含まれていた重い黄玉は甌穴の中に落ち込み、小石や砂で磨かれて丸くなったものと考えられる。自然の力には驚嘆するばかりであった。

大津市は、昭和55年（1980）にこの付近の河川を「自然環境の保全と増進に関する条例」によって自然保護地区に指定している。それらの中に滋賀県が指定した自然記念物「鹿跳峡の甌穴（米かし岩）」がある。

瀬田川の狭窄部

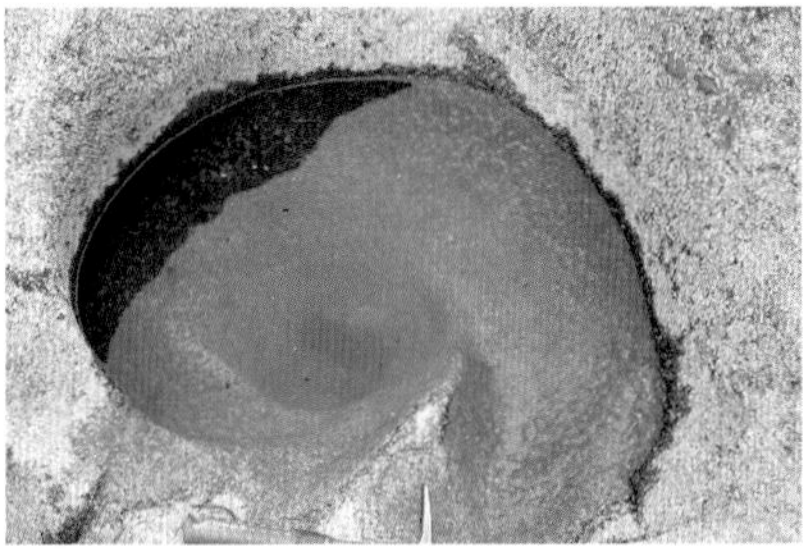
甌穴の部分のアップ

甌穴

甌穴の中で磨かれた礫

滋賀県指定自然記念物の表示板

甌穴から採取したトパーズ

16 真黒石・虎石 ―瀬田川に産する盆石・水石―

［大津市］

瀬田川の狭窄部にある立木観音付近は、水に洗われ磨かれた自然石が採れることで、その道の人には良く知られている。ここでとれるその岩石は、成因としては泥が固まってできた泥岩《でいがん》が、その後に地下から上がってきた高温のマグマによって火傷《やけど》したようなものでできている。それが砕けて礫《れき》となり、瀬田川の急流に流され磨かれたものが、自然の山水情景に見立てられる形状となる。このような自然の石の形状を自然の情景にみたてて鑑賞することを、盆石《ぼんせき》や水《すい》石《せき》とよぶ。冒頭で述べたその道の人とは、これらを鑑賞する人のことである。

石を鑑賞する趣味は、中国より渡来したと伝えられている。石を台座や砂を用いた水盤に配置して飾る。盆石や水石は、室町時代から近世にかけて発展した。室礼《しつらい》としてつくられた違い棚や床飾りに名石をおくことが珍重され、そこに奥深い風情を表現、鑑賞するようになり、山水の景観を感じとれる置物として床の間を飾る文化となったと言われている。江戸時代中期以降になると盆石は、文人趣味の一つとして流行し、多くの流派まで生まれている。時代が変わっても人は自然の山水に魅せられ景趣を味わうのである。木内石亭が記した『雲根志 前編』（1773）は、「真の書院床飾りには必ず盆石を用ゆという」と記述している。

瀬田川に産する盆石として使われる石は、つるりとした真っ黒の石の真黒石《まぐろ》、菫青石《きんせいせき》がカニのハサミのような文様に見える蟹《かに》真黒石、長十郎梨《なし》の実の肌のようにぽつぽつした穴が見られる梨子地真黒《なしじまぐろ》などがある。また、縞《しま》状の黒色と黄色や白色が互いに層を成した虎石とよばれる盆石が採取されてきた。これらは高温のマグマによって熱せられた泥岩やチャートなどによるホルンフェルスという石でできている。それらの石の姿、形、色の良い銘石は、盆石・水石の愛好家に探し求められ、銘がつけられるものがある。瀬田川の真黒石や虎石は、かつて石山寺の門前町に料理旅館が繁盛していた頃、宴席の床飾り、露天風呂《ぶろ》の石組みや庭園にも用いられていた。

真黒石（初田整骨院蔵）

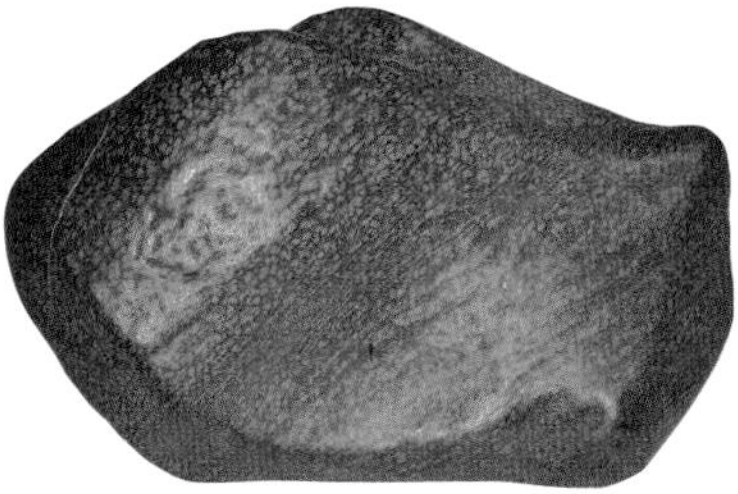

梨子地真黒（初田整骨院蔵）

虎石（初田整骨院蔵）

「兜」と名付けられた真黒石（三日月楼蔵）

17 車石 ―逢坂山の牛車のための敷石― ［大津市］

かつて、東の地方から京へ運ばれる物資は、陸運はもとより、水運であっても大津の港に荷揚げされ、牛車《うしぐるま》に積んで逢坂山《おうさかやま》を越えなければならなかった。雨が降れば道はぬかるみになり、思うように前へ進めない。そこで車輪がぬかるみにはまらないように、荷車の幅に合わせ、2列の石を敷いた。牛車の頻繁《ひんぱん》な通行によって敷石は擦り減り、U字形のくぼみができた。その敷石は、車石とよばれていた。『淡海録』（1689）には「逢坂（山）には車によって轍《わだち》になった石がある」と記述がある。

車石の敷設《ふせつ》工事は、文化元年（1804）、幕府から山科郷《やましな》に命じられているが、山科郷には石を切り出す山がなく、前述した木戸石《きど》（第1章―4）が敷石の候補地にあがり、南小松村と木戸村の石屋が敷石の切り出しと運搬を行った。その経費の交渉が「石切り方に付請書」の文書として残されている（『車石』、2014）。

敷石の施工・石据えは、山城国愛宕郡《おたぎ》白川村（現、京都市左京区）の石屋が請け負っていた。白川村には木戸石と同じ岩石である花崗岩が産出し、「白川石」とよばれている。石材の名称は岩石の種類によらず、産する地域の名前でよばれることが多い。このため、同じ種類の岩石である白川石が使われたとされていても不思議ではないが、撤去された車石の遺物の調査からは、木戸村から運ばれた石であることがわかる。

撤去された車石の遺物は、国道1号九条山《くじょうやま》（京都市東山区）沿いの石垣やモニュメントなどに転用されたり、大津市や京都市内の各所に実物展示されている。それらの車石の一つ、京都市山科区に建立されている京津《けいしん》国道改修記念碑の台座は、すべて車石が使われている。また、大津市歴史博物館の屋外展示にも再現された車石がある。それらは、一見して白川石と木戸石を判別することは難しいが、前述した「青ガレの石」（第１章－３）とよばれる流紋デイサイトの岩石も車石に含まれている。これらの石の特徴から、敷石に使われたものは木戸村の産物であると考えられる。車石は前述とは別のところでも使われていたようだ。京阪《けいはん》電気鉄道京津線は、京都市営地下鉄東西線の完成にともない、路面軌道が整備された。撤去したその軌道の敷石を調べると、石の裏面に轍《わだち》を残した車石が使われていた。

　近江木戸村生まれの敷石は、牛車の時代から電車の時代に移っても利用されつづけ、近代化に貢献してきた。道がアスファルト舗装へと変わっていく変化を横目に、寺社の参道や公園の散策路などには三度目の変身を見事に遂げた車石が敷かれ、人々の歩みを受け止めている。

現在の逢坂峠（国道１号）

流紋デイサイトを含む車石を使った
京津国道改良工事記念碑の台座

大津市歴史博物館で
屋外展示されている車石

京津国道改良工事記念碑

車石の中の流紋デイサイト
（青ガレの石）

京都市が旧東海道と三条通の合流地点に整備した車石広場で、屋外展示されている京阪電鉄の敷石（元車石）

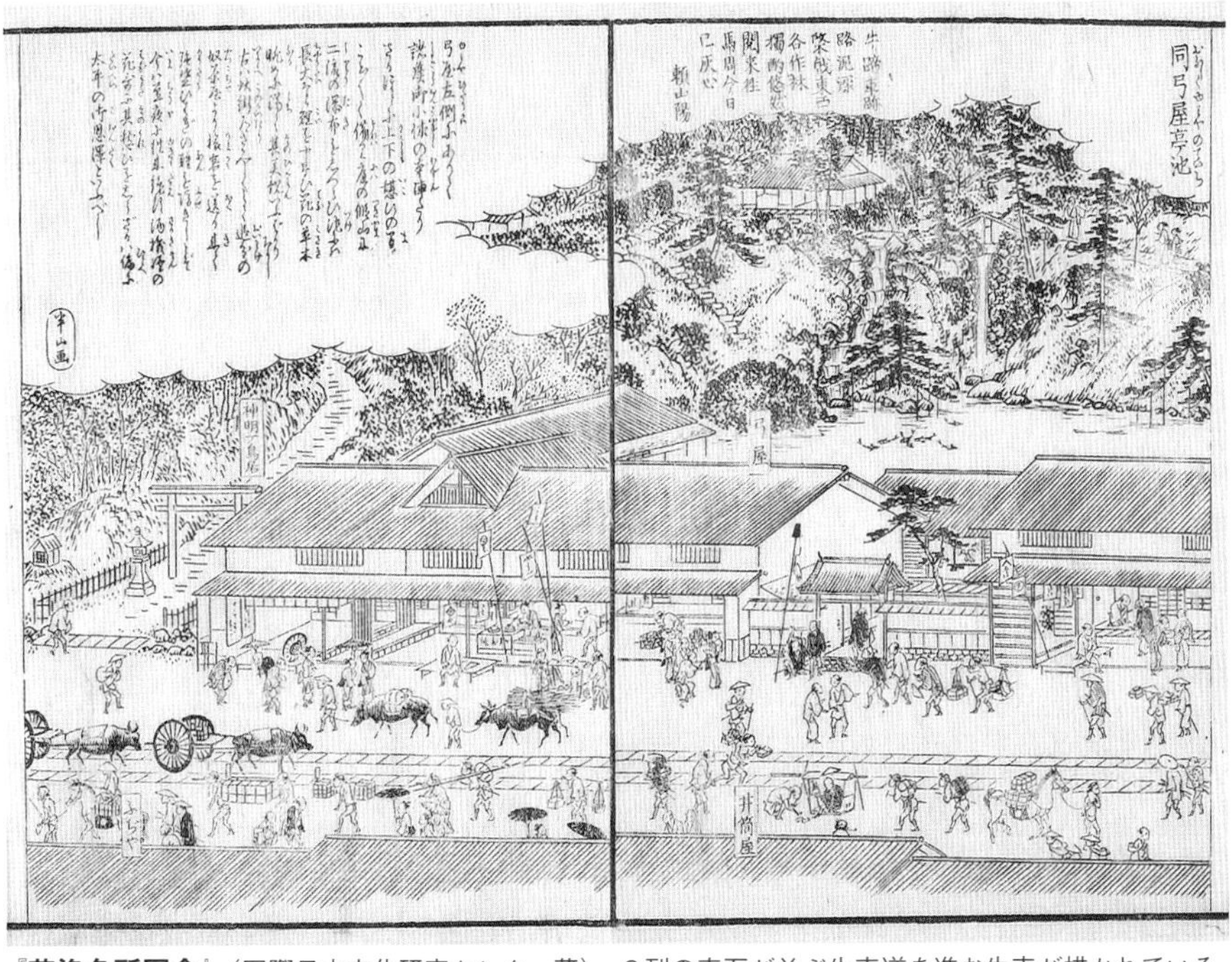

『花洛名所図会』（国際日本文化研究センター蔵）　２列の車石が並ぶ牛車道を進む牛車が描かれている

おわりに

筆者がそもそも石を好きになったのは、山あり川ありの、自然しかない中で生まれ育った野生児であったことが大きいようである。自然が遊び場で、3里あまり離れた道端に崩れ落ちた、蛇紋岩《じゃもんがん》の小さな露頭から白く軟らかくなった「蝋石《ろうせき》」（石筆）を持ち帰り、土間に字や絵をかいた記憶がある。また石の縁は、筆者の生まれる前からあったようで、故郷の由良川《ゆら》（京都府福知山市）には河川交運の華々しい頃に造られた石積みの船着場があって、その石積みは祖父が残した仕事であったことを父からよく聞いていた。幾度となく起こった洪水にも耐えた強固な石積みは、筆者の記憶に残る戦後には、すでに水泳の飛び込み台や洗濯場に変わっていた。それは、すっかり自然に溶け込んだ石のある風景であった。

滋賀県人になったのは、高度成長期に入った時と重なる。恩師・木村一郎先生との出会いも同じ頃であった。そのいきさつは、手狭になった我が家の垣根の植木が関係している。植木のもらい手を町の花屋に頼んでおいたら、小学校の校長先生が訪ねてこられ、植木は新設された校庭に植栽された。先生は筆者と初対面であったが、庭に植えていた野草や囲っていた石を見て、筆者をフィールドに誘い、植物ならず、石に関する知識を知らず知らずのうちに与えてくださった。

本書を書くに当たり鈍才の力量で応えられるだろうかと逡巡《しゅんじゅん》したが、恩師・木村一郎先生のみならず、故人となられた益富寿之助先生・北原隆男先生・松岡長一郎先生をはじめ、多くの先生方の教えに報いたい思いがあった。本書に取り上げた項目は、紙面の都合で、木村先生に連れられ回ったフィールドの一部にすぎない。

石亭は、老境に入って重病を患い、息子宛に遺言状を書いている。

> 我等生涯石に心魂を投打《なげうち》、実に菽麦《しゅくばく》も弁《わきま》へざる身（豆と麦の区別もつかない＝非常に愚かなことのたとえ）として六十余洲の人に知られ、高位貴官の尋《たずね》にも預るは、石の徳ならざるして何ぞや。

今日の筆者の心境は、甌穴《おうけつ》の中でトパーズに混ざり磨かれた小さな礫《れき》の望外な喜びである。

本書を亡き恩師・木村一郎先生の霊前に供える。

謝辞

最後になりましたが、本書の出版に当たり、滋賀県立琵琶湖博物館の高橋啓一館長、地学研究室の里口保文さんには格別の指導をいただきました。また、山川千代美さんをはじめ「石」の知己として長年ご厚情いただいた岡村喜明・藤本秀弘・田村幹夫・飯村強諸氏に感謝申し上げます。編集・制作にあたっては、サンライズ出版の皆さんにお世話になりましたことを厚くお礼申し上げます。

【参考文献等】

秋里籬島著・粕谷宏紀監修『東海道名所図会』ぺりかん社（2001年）
蘆田伊人『伊勢参宮名所図会』東洋堂（1944年）
池内順一郎『近江の石造遺品（上）』サンライズ出版（2006年）
石定「比良の銘石（守山石）の歴史」講演資料（2016年）
石田志朗・河田清雄・宮村学『地域地質研究報告 彦根西部地域の地質』地質調査所（1984年）
稲葉隆宣「長浜市域の弥生時代の石器」『紀要　第9号』財団法人滋賀県文化財保護協会（1996年）
伊吹町史編さん委員会編『伊吹町史　通史編　上』伊吹町（1997年）
伊吹町史編さん委員会編『伊吹町史　文化民俗編』伊吹町（1994年）
伊藤圭介『日本産物志前篇　近江上』文部省（1873年）
伊藤松宇校訂『風俗文選』岩波書店（1928年）
岩根東区編纂委員会編『ももづてのさと　岩根東区誌』岩根東区（2006年）
宇野健一改訂校注『新注近江輿地志略』弘文堂書店（1976年）
近江八幡市教育委員会・近江八幡市立郷土資料館編『石工文書解読書』近江八幡（1984年）
近江八幡市史編集委員会編『近江八幡の歴史　第二巻』近江八幡市（2006年）
大田南畝『蜀山人全集　第一巻』日本図書センター（1979年）
林屋辰三郎ほか編『新修大津市史3　近世前期』大津市役所（1980年）
大津市歴史博物館編『車石　江戸時代の街道整備』（2012年）
小川四良『沖島に生きる』サンライズ出版（1996年）
長朔男「平安神宮神苑の歴史と特徴」『平安神宮神苑の生きものたち』平安神宮崇敬会（2008年）
蟹澤聰史『石と人間の歴史』央公論新社（2010年）
蒲生町国際親善協会編『石塔寺三重石塔のルーツを探る』サンライズ出版（2000年）
岸峰純夫・入間田宣夫『城と石垣―その保存と活用―』高志書院（2003年）
北川舜治『近江名跡案内記』（1891年）
木戸雅寿「近年石垣事情」『織豊城郭 第4号』（1997年）
木内石亭著・今井功訳注解説『雲根志』築地書館（1969年）
木村明啓・川喜多真彦編『再撰花洛名勝図会』神光向松堂（1864年）
木村至宏『近江の道標』京都新聞社（2000年）

記録しておきたい滋賀県の地形・地質編集委員会編『記録しておきたい滋賀県の地形・地質』滋賀県立琵琶湖博物館（２０１１年）
栗太郡役所編『近江栗太郡志　巻参（復刻版）』名著出版（１９７２年）
桑田忠親校註『新訂信長公記』新人物往来社（１９９７年）
甲賀市市史編さん委員会編『甲賀市史第一巻　古代の甲賀』甲賀市（１９９８年）
甲賀市市史編さん委員会編『甲賀市史第三巻　道・町・村の江戸時代』甲賀市（２０１４年）
甲西町教育委員会編『甲西の民話』甲西町教育委員会（１９８０年）
甲西町史編さん委員会編『甲西町史』甲西町教育委員会（１９７４年）
故実叢書編集部編『禁秘抄考註 拾芥抄』明治図書出版（１９５２年）
斎木一馬・染谷光広校訂『兼見卿記』続群書類従完成会（１９７１年）
斎藤忠『木内石亭』吉川廣文館（１９６２年）
佐伯梅友校注『古今和歌集』岩波書店（１９９７年）
坂本太郎・家永三郎・井上光貞・大野晋校註『日本書記 五』岩波書店（１９９５年）
佐藤伝蔵「近江の國水口の菫青石」『地学雑誌』Vol.36（１９２４年）
滋賀県「竈場製灰の図」『滋賀県管下六郡物産図説』（１８７３年）
滋賀県編・宇野健一註訂『近江國滋賀郡誌』弘文堂書店（１９７９年）
滋賀県市町村沿革史編さん委員会編『滋賀県市町村沿革史　第三巻』弘文堂書店（１８８０年）
滋賀県地方史研究家連絡会編『近江史料シリーズ４　淡海録』（１９８０年）
滋賀自然環境研究会「鮎河層群の地層と化石」『滋賀県の自然』財団法人滋賀県自然保護財団（１９７９年）
志賀町史編集委員会編『志賀町史　第二巻』滋賀県志賀町（１９９９年）
滋賀植物同好会編『近江植物風土記』サンライズ出版（２０１１年）
財団法人滋賀総合研究所編『湖国百選 石・岩』滋賀県（１９９１年）
篠田謙一『ホモサピエンスの誕生と拡散』洋泉社（２０１７年）
島田勇雄・竹島淳夫・樋口元巳『和漢三才図会　８』平凡社（１９８７年）
白井幸光郎・鈴木真海監修翻訳『頭註国訳本草綱目』春陽堂（１９２９年）
新修石部町史編さん委員会『新修石部町史』石部町役場（１９９１年）
新編国歌大観編集員会『新編国歌大観　色葉和難集』角川書店（１９９２年）
瀬川欣一『近江石の文化財』サンライズ出版（２００１年）
瀬川欣一『近江の仏たち』かもがわ出版（１９４９年）
瀬川欣一『ふるさと鎌掛の歴史』サンライズ出版（２０００年）

高島郡教育会編・饗庭昌威増補編『高島郡誌』新旭町（１９７２年）
谷口昇作『八日市のむかし話―孫にきかせる―』八日市市老人クラブ連絡協議会（１９７２年）
たねや近江文庫「近江から Vol.２」（２０１２年）
田淵実夫『石垣』法政大学出版局（１９７５年）
辻一信・北原隆男『滋賀県の自然』滋賀自然環境研究会（１９８０年）
中川泉三『中川泉三著作集　第四巻』川瀬泰山堂（１９７８年）
長浜みーな編集室「曲谷の石臼」『みーな びわ湖から Vol.93』長浜みーな協会（２００６年）
新村出校閲・竹内若校訂『毛吹草』岩波書店（１９４３年）
朴鐘鳴編著『滋賀のなかの朝鮮』明石書店（２００３年）
秦石田・秋里籬島『近江名所図会』臨川書店（１９９７年）
早川純三郎編『明良洪範』国書刊行会（１９０８年）
東近江市教育委員会『東近江市の遺跡シリーズ14』埋蔵文化財センター（２０１６年）
日野町史編さん委員会『近江日野の歴史』滋賀県日野町（２００５年）
琵琶湖花崗岩団体研究グループ「琵琶湖周辺の花こう岩帯―その４ 比良山地の花こう岩類」『地球科学 Vol.51』（１９９７年）
藤本秀弘「滋賀県の花崗岩類」『滋賀県の自然』滋賀自然環境研究会（１９８０年）
平凡社地方資料センター編『日本歴史地名大系25　滋賀県の地名』平凡社（１９９１年）
前田梅園『鴻溝録全　解読　高島町歴史民俗叢書10』ふるさとに学ぶ会（２００１年）
益富壽之助『石　昭和雲根志』益富壽之助博士紫綬褒章受賞記念会（１９６７年）
益富壽之助『石　昭和雲根志（復刻版）』白川書院（２００２年）
丸山宏ほか編『みやこの近代』思文閣（２００８年）
三浦正幸『城の鑑賞基礎知識』至文堂（１９９９年）
三輪茂雄『ものと人間の分化史　臼』法政大学出版局（１９７８年）
水口町志編纂委員会編『水口町志　下巻』水口町（１９５９年）
吉田史郎「鎌掛の屏風岩」『地質ニュース』５５６号（２０００年）
吉田史郎・西岡芳晴・木村克己・長森英明『近江八幡地域の地質』産業技術総合研究所地質調査総合センター（２００３年）
栗東市文化体育振興事業団編『忘れられた霊場をさぐる　―栗東・湖南の山寺復元の試み―　報告集』（２００５年）
和田維四郎『日本鉱物誌』（１９０４年）
国指定文化財等のデータベース　http://kunishitei.bunka.go.jp/bsys/index_pc.asp 閲覧２０１７年４月９日
鉱物趣味の博物館　http://www2.odn.ne.jp/mineral/index.html　閲覧２０１７年８月25日

【著者紹介】

長　朔男（おさ・さくお）

1939年京都府加佐郡大江町（現、福知山市）生まれ。1961年雇用促進事業団（現、独立行政法人高齢・障害・求職者雇用支援機構）に就職。職業能力開発促進センターに勤務し、技能・技術教育に携わる。京都職業能力開発促進センター所長で退職。この間、各地に転勤しながら自然環境に深く関心を持つ。退職後、滋賀大学大学院教育学研究科修士課程修了。著書（いずれも共著）として、『近江植物歳時記』（京都新聞社）、『近江植物風土記』『芋と近江のくらし』『湖魚と近江のくらし』（サンライズ出版）など。

琵琶湖博物館ブックレット⑫

近江路《おうみじ》をめぐる石の旅

2021年１月20日　第１版第１刷発行

著　者　長　朔男

企　画　滋賀県立琵琶湖博物館
〒525-0001 滋賀県草津市下物町1091
TEL 077-568-4811　FAX 077-568-4850

デザイン　オプティムグラフィックス

発　行　サンライズ出版
〒522-0004 滋賀県彦根市鳥居本町655-1
TEL 0749-22-0627　FAX 0749-23-7720

印　刷　シナノパブリッシングプレス

ISBN978-4-88325-711-9

定価はカバーに表示してあります

琵琶湖博物館ブックレットの発刊にあたって

琵琶湖のほとりに「湖と人間」をテーマに研究する博物館が設立されてから2016年はちょうど20年という節目になります。琵琶湖博物館は、琵琶湖とその集水域である淀川流域の自然、歴史、暮らしについて理解を深め、地域の人びとともに湖と人間のあるべき共存関係の姿を追求してきました。そして琵琶湖博物館は設立の当初から住民参加を実践活動の理念としてさまざまな活動を行ってきました。この実践活動のなかに新たに「琵琶湖博物館ブックレット」発行を加えたいと思います。

20世紀後半から博物館の社会的地位と役割はそれ以前と大きく転換しました。それは新たな「知の拠点」としての博物館への転換であり、博物館は知の情報発信の重要な公共的な場であることが社会的に要請されるようになったからです。「知の拠点」としての博物館は、常に新たな研究が蓄積され、新たな発見があるわけですから、そうしたものを「琵琶湖博物館ブックレット」シリーズというかたちで社会に還元したいと考えます。琵琶湖博物館員はもとよりさまざまな形で琵琶湖博物館に関わっていただいた人びとに執筆をお願いして、市民が関心をもつであろうさまざまな分野やテーマを取りあげていきます。高度な内容のものを平明に、そしてより楽しく読めるブックレットを目指していきたいと思います。このシリーズが県民の愛読書のひとつになることを願います。

ブックレットの発行を契機として県民と琵琶湖博物館のよりよいさらに発展した交流が生まれることを期待したいと思います。

二〇一六年　七月

滋賀県立琵琶湖博物館